情報科学のための

線　形　代　数

柴田　正憲
貴田　研司　共著

コロナ社

まえがき

本書は，情報関連分野の大学前期課程，短期大学，高等専門学校，専修学校の学生および同程度の学力を持つ者を対象とした教科書および参考書である。また，高等学校新学習指導要領における数学I程度の学力でも十分に理解できる内容にした。

「線形代数」に関する成書は数多くあるが，線形代数へのアプローチには多くの切り口があり，どのアプローチについても高等学校教育課程との間で多くのギャップがあり，学生にとっても不足する知識が多くなってきている。例えば，集合についての知識がないのに関数の概念について講義されたり，2次曲線の標準形の知識がまったくないのに，2次形式の標準形の講義がなされたりとさまざまである。さらに，複素行列についても複素数の予備知識すら持たないのに講義されることもある。このような背景から，先に著した「情報数学1」,「情報数学2」(それぞれコロナ社から1987年，1986年発行）の中から線形代数を学ぶうえで必須と思われる内容を取捨選択して加えるとともに，本文を学習するうえで学習者に欠落していると思われる内容を付録として多く付加されるような形の拙著になったことを，ご理解いただきたい。

1章「基礎知識」では，線形代数全般を少しでも見渡すことができるような流れを重視した構成にした。数の概念，関数の概念から始まって，「線形とは何か」について述べ，行列の意味している内容について具体例を用いて学べるようにした。1次変換としての行列についても，図形の回転の変換行列，座標軸の回転の変換行列までもこの章に収めた。2章では，ベクトル演算の最も基礎的なスカラーとの積，内積，外積までを学び，ベクトル空間については後の章で学べるようにした。3章では，行列について，演算から連立1次方程式の解法，消去法，階数までを学び，4章以降の基礎とした。4章では，行列式について，その定義から余因子による展開，逆行列と余因子行列との関係，クラーメルの公式を学び，さらに，2次，3次の行列式の意味する図形的な意味まで扱った。5章では，実ベクトル空間を中心に1次独立，1次従属，基と次元，固有値と固有ベクトル，行列の対角化，ケーリー・ハミルトンの定理，2次形式とその標準形までを扱った。6章では，線形写像の定義から，その像 Im と核 Ker，表現行列，基変換行列までを学べるようにした。

また，1章，3章，5章，6章の末尾にはコラムを設け，線形代数との関わりの強い興味深い内容を取り上げたので今後の学習へと生かしていただきたい。

全体としては半年を目標に修了できるように構成を考えたつもりである。特に，付録については，学習者の学力に応じた取り扱い方があると考えているので適宜選択して利用していただきたい。時間に余裕があり，プログラミング演習が可能である場合を考えて，連立1次方程式と固有値の数値解法についても付録6として扱った。

本書は，東海大学情報通信学部の学生を中心に過去に講義してきたものの中から，高等学校卒業後すぐにでも学べるような内容を取捨選択したものであり，学生たちの日常の講義に対する批判，助言，激励がなかったら実り少ないものになったであろう。また，本書を出版するにあたり，多くの著書を参考にさせていただいた。これらの著者に，この場をお借りして深甚なる謝意を表す次第である。

本書は，厳密性よりも流れを大切にして展開したが，それだからといって誤りがあってはならない。しかし，思わぬ誤りがあるかもしれない。それはひとえに著者の浅学非才ゆえであるから，その際にはご寛大なご叱正をお願いしたい。

最後に，日頃何かとご指導頂いている諸先生方に深謝するとともに，出版にあたり多大なるご尽力を頂いたコロナ社の皆様に深く感謝いたします。

2009年9月

著者らしるす

目　　　次

1. 基礎知識

2. 幾何学的ベクトル

3. 行　　列

4. 行　列　式

5. ベクトル空間と固有値

6. 線　形　写　像

1 基　礎　知　識

線形代数学（linear algebra）は，線形性を持つ写像の研究分野であって，自然科学，人文・社会科学など，その応用範囲は非常に広い。これからそれらの分野で使われている線形代数の基礎から学ぼうとするわけだが，「線形」だの「写像」だのと始めに言われても受け入れるのは難しい。線形代数学を初めて学ぶものにとって，「線形ってなんだろう？」と考えざるをえない。しかしながら，「線形とは何か」について，そのことをほとんど説明されることがないまま線形代数学の講義に入ってしまうことが非常に多いようである。

ここでは，まず，線形とはどのような性質であり，どのようなものがその性質を持ち，どのようなものがその性質を持っていないのかをわかり易く学ぶことにする。さらに，線形代数といえば，必ず出てくるのが行列であるが，この行列についても，どんなものなのであるかを簡単な例を掲げて見ていきたい。社会生活における数理的な考察に基づく数学的表現の工夫という観点から，行列の応用の広がりを見たり，感じたりすることができればこの章の役割は果たせることになる。

1.1 数のいろいろ

線形代数学を学ぶ前に，どうしても知っていなければならないものがあり，その一番目が数の体系である。以下に順を追って数のいろいろを見ていくことにする。

まず，ものを普通に数えるときに用いる

自然数　　1, 2, 3, ……

そして

ゼロ（零）　0

さらに

自然数にマイナス「−」を付けて「負の自然数」ともいえる数

$-1,\ -2,\ -3,\ \cdots\cdots$

これらをまとめて，整数という。

これによって，自然数は「正の整数」，負の自然数は「負の整数」といわれる。さらに，$\frac{1}{2}$，$\frac{3}{5}$，$\frac{7}{9}$，$\frac{5}{3}$，$\frac{5}{4}$，$\frac{7}{33}$，……などのように，整数にはならない分数を含めて，有理数といわれる。整数にはならない有理数には，有限小数として表せるものと，循環小数として表せるものがある。例えば，$\frac{1}{2}$，$\frac{3}{5}$，$\frac{5}{4}$，は有限小数として表せる。それに対して，$\frac{7}{9}$，$\frac{5}{3}$，$\frac{7}{33}$，は有限小数として表せないが，循環小数としては表せる。

【例 1.1】

$$\frac{1}{2}=0.5,\qquad \frac{3}{5}=0.6,\qquad \frac{5}{4}=1.25$$

$$\frac{7}{9}=0.77777\cdots\cdots,\qquad \frac{5}{3}=1.6666\cdots\cdots,\qquad \frac{7}{33}=0.2121\cdots\cdots$$

□

これに対して

$$\sqrt{2}=1.41421356237\cdots\cdots,\qquad \pi=3.1415926\cdots\cdots$$

のように，循環しない無限小数になるものもある。このような数を無理数といい，有理数と無理数を合わせた数を実数という。

- 実数
  - 有理数
    - 整数
      - 正の整数（自然数）
      - 0
      - 負の整数
    - 整数でない有理数
      - 有限小数
      - 循環小数
  - 無理数（循環しない無限小数）

一般に，数を表す記号としては，実数に $\boldsymbol{R}$，整数に $\boldsymbol{Z}$，自然数に $\boldsymbol{N}$，さらに，0 以上の実数に $\boldsymbol{R}^+$ が使われることが多い。

【例 1.2】

（1） $0.\dot{4}=0.4444\cdots$

（2） $1.\dot{2}\dot{7}=1.272727\cdots$

（3） $0.\dot{2}3\dot{4}=0.234234234\cdots$

（4） $0.5\dot{8}\dot{3}=0.5838383\cdots$

などの循環小数を分数で表してみる。

まず

$$x=1.\dot{2}\dot{7}=1.272727\cdots \quad \text{----------} ①$$

とおいて，両辺を 100 倍する。

$$100x=127.272727\cdots \quad \text{----------} ②$$

ここで，②−①を計算すると

$$99x=126$$

であるから

$$x=\frac{126}{99}=\frac{14}{11}$$

□

問題 1.1　例 1.2 の（1），（3），（4）の循環小数を分数で表せ。

1.2 関数について

二つの集合 A，B の**直積**（direct product）は，順序対 (a,b)，$a\in A$，$b\in B$ のすべての集合であり，これを $A\times B$ と表す。

すなわち

$$A\times B=\{(a,\ b)\,|\,a\in A,\ b\in B\}$$

であり，一般に，$A\times B\neq B\times A$ である。特に，$A\times A$ を A^2 で表すこともある。

【例 1.3】　$A=\{a,\ b,\ c\}$，$B=\{1,\ 2\}$　のとき

$$A\times B=\{(a,\ 1),(a,\ 2),(b,\ 1),(b,\ 2),(c,\ 1),(c,\ 2)\}$$

となる。

これを座標平面上に，**図 1.1** のように，座標平面上の格子点として直積 $A\times B$ のすべての要素を表すことができる。

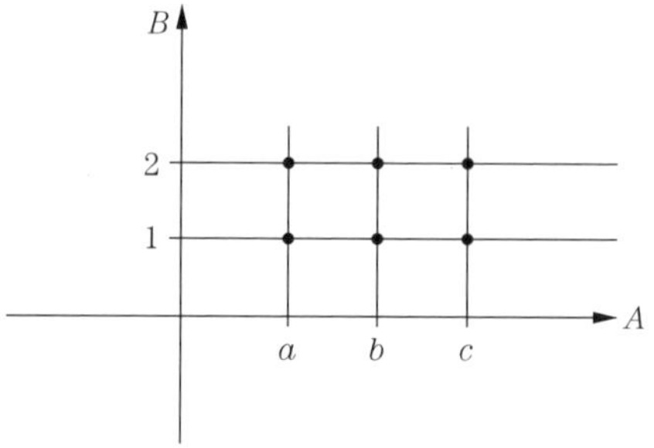

図 1.1

□

特に，任意の要素 $a\in A$，$b\in B$ に，ある特定の関係 R が存在するとき，任意の要素 a，b が含まれる集合 A，B を明らかにしながら表現するとき，R を直積における 2 項関係であるといい，A を関係 R の定義域といい，B を終域という。さらに，要素 a が要素 b とが関係 R にあることを ${}_aR_b$，あるいは $(a,\ b)\in R$ で表し，関係 R にないことを ${}_a\not{R}_b$ あるいは，$(a,\ b)\notin R$ で表す。

【例 1.4】　自然数の集合 N において，“より小さい” すなわち，“$<$” を関係 R とすると，$2<3$ であるから，${}_2R_3$，あるいは $(2,\ 3)\in R$ で表されるが，$3\not<2$ であるから ${}_3\not{R}_2$ あるいは，$(3,\ 2)\notin R$ となる。□

問題 1.2

（1）　$A=B=\{5$ 以下の自然数$\}$，$R=$“$\geqq$” のとき，関係 R にある順序対の集合を示せ。

（2）　$A=B=\{10$ 以下の自然数$\}$，$R=$“$<$” のとき，関係 R にある順序対の集合を示せ。

問題 1.3

（1）　$A=B=\{0\leqq a\leqq 5$，実数$\}$，$R=$“$<$” のとき，関係 R にある順序対の集合を示せ。

（2） $A=B=\boldsymbol{R}^{+}$，$R=$“$\geqq$” のとき，関係 R にある順序対の集合を示せ。

このように，関係 R は直積 $A\times B$ の部分集合をなすが，特に，関係 R の第1項の集合を定義域と呼び，第2項の集合を値域と呼ぶことにする。

例1.3においては

$R=\{(a,2),(b,2),(c,2)\}$ とすると

$$(a,1)\notin R,(b,1)\notin R,(c,1)\notin R,(a,2)\in R,(b,2)\in R,(c,2)\in R$$

であり，関係 R の定義域 $\{a, b, \mathrm{c}\}$ で，値域は $\{2\}$ となる。

関数は，上記の2項関係の中のある特別なものであり，簡単には入力と出力の関係を表すものといえる。関数を効果的に利用したり，その関係をより深く分析する能力は，私たちのこれからの学習・研究全般に大いに力となるに違いない。

二つの集合 X および Y が与えられていて，集合 X の任意の要素 x に対して，集合 Y のちょうど一つの要素 y が対応する関係を f とするとき，この f を X から Y への写像または関数といい

$$f: X \longrightarrow Y$$

で表す。

このとき，Y の要素 y は f による x の像または関数値（あるいは単に値）といい，$y-f(x)$ で表す。このことを

$$f: x \longmapsto y \quad (x\in X,\ y\in Y)$$

と表すこともある。f が X から Y への関数であるとき，集合 X を関数 f の定義域といい，集合 Y を f の終域という。さらに，関数 f による x の像 $f(x)$ の全体の集合を f の値域といい，$f(X)$ で表す。

$$f(X)=\{f(x)\mid x\in X\}$$

図1.2のように，関数 f を定義するには，その関数の定義域と値域そして終域がしっかりと決定していなければならない。それは，定義域の任意の要素 $x\in X$ に対する値 $f(x)$，そして値全体すなわち値域 $f(X)$ が終域 Y に含まれていなければならないことを示している。

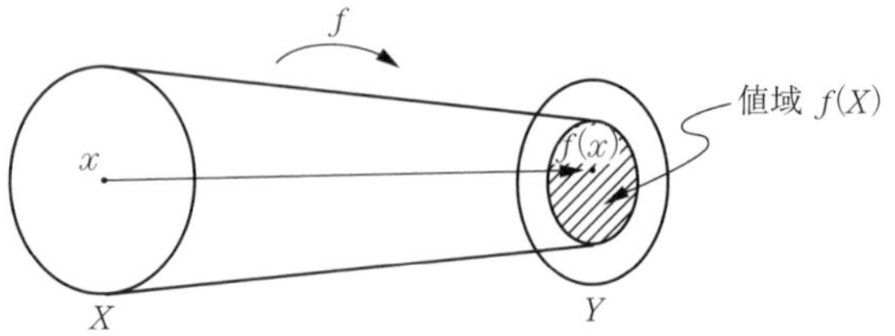

図 1.2

さらに，値域 $f(X)$ が終域 Y と等しいとき，すなわち，$f(X)=Y$ のとき，関数 f は，X から Y の上への関数，または，**全射**（surjection または onto）であるという。もし，$x_1 \neq x_2$ のとき，$f(x_1) \neq f(x_2)$ であれば，関数 f は X から Y への 1 対 1 関数，または，**単射**（injection または one-to-one）であるといい，さらに，関数 f が全射でありかつ単射であるとき，関数 f は**全単射**（bijection または one-to-one and onto）といわれる。

このことから，関数 f が全射であれば，すべての $y \in Y$ は f の像であり，関数 f が単射であれば，X の異なる要素は終域 Y の異なる要素に移されることになることがわかる。

【例 1.5】　二つの集合 $A=\{a, b, c\}$，$B=\{1, 2, 3, 4\}$ に対してつぎの（1），（2），（3），（4）の関係（**図 1.3**～**図 1.6**）を考えてみる。

（1）
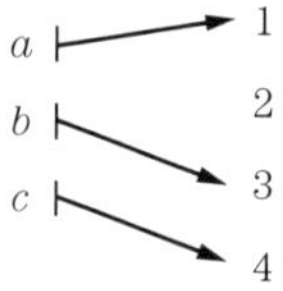

図 1.3

（2）
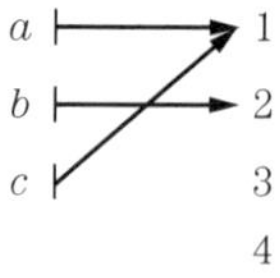

図 1.4

（3）
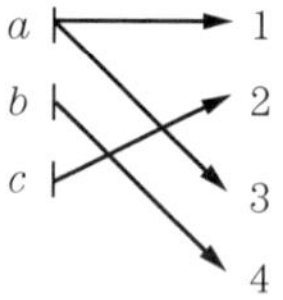

図 1.5

（4）
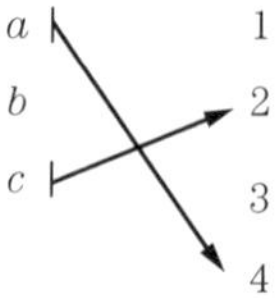

図 1.6

（1），（2）は関数の例を表し，（3），（4）は関数ではない例である。　□

問題 1.4　例 1.5 について

（1）（3），（4）が関数ではない理由を説明せよ。

（2）（1）〜（4）のうち，どれが全射，単射，全単射であるかを理由とともに述べよ。

【例 1.6】 関数 $f(x)=\sqrt{x(x-1)}$ の定義域と値域を考えると，根号の中は非負でなければならないことから，$X=\{x\leqq 0,\ 1\leqq x\}$。これに対して値域は $f(X)=\boldsymbol{R}^+$ となる（**図 1.7**）。

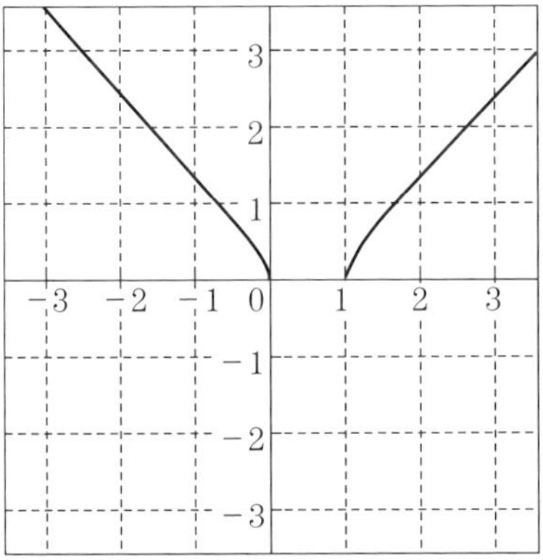

図 1.7

□

問題 1.5 つぎの関数の定義域と値域を求めよ。

（1）$f(x)=2x-3$　（2）$f(x)=x^2$　（3）$f(x)=x^3$

（4）$f(x)=\sqrt{x}$　（5）$f(x)=\sqrt{1-x^2}$

問題 1.6 つぎの関数の定義域と値域を求めよ。

（1）$f_1(x)=x$　（2）$f_2(x)=1-x$　（3）$f_3(x)=\dfrac{1}{x}$

（4）$f_4(x)=\dfrac{1}{1-x}$　（5）$f_5(x)=\dfrac{x-1}{x}$

1.3 線形性について

$\boldsymbol{R}$ を実数の集合とし，実数 $\boldsymbol{R}$ 上の関数を $y=f(x)$，関数 f の定義域 X として独立変数 x がとり得る値の範囲すべてであるとし，これを D_f と表すことにする。

x_1，x_2 を D_f の任意の要素であるとし

$$x_1,\ x_2 \in D_f$$

さらに，任意の実数 $k \in \boldsymbol{R}$ をとり，このとき，つぎの二つの性質

① $f(x_1+x_2)=f(x_1)+f(x_2)$

② $f(kx)=kf(x)$

が成立するとき，関数 f は**線形**（linear）であるといい，上記の性質を**線形性**という。

この性質を満たす関数とはどのようなものであるかを考えてみたい。なお，以下で使われる定数 a，b，c，… はすべて実数とする。

【例 1.7】 直線 $y=f(x)=ax$ の場合

$$f(x_1+x_2)=a(x_1+x_2)=ax_1+ax_2=f(x_1)+f(x_2)$$

さらに

$$f(kx)=a(kx)=kax=kf(x)$$

よって，f は線形であることがわかる。 □

【例 1.8】 直線 $y=f(x)=ax+b$ の場合

$$f(x_1+x_2)=a(x_1+x_2)+b=ax_1+ax_2+b$$

これに対して

$$f(x_1)+f(x_2)=ax_1+b+ax_2+b=ax_1+ax_2+2b$$

となり，$b=0$ のとき以外は，性質 ① は成立しない。

さらに

$$f(kx)=a(kx)+b=kax+b$$

これに対して

$$kf(x)=k(ax+b)=kax+kb$$

であるから，性質 ② も成立しないことがわかる。 □

【例 1.9】 放物線 $y=f(x)=ax^2$ の場合

$$f(x_1+x_2)=a(x_1+x_2)^2=a(x_1{}^2+x_2{}^2+2x_1x_2)=ax_1{}^2+ax_2{}^2+2ax_1x_2$$

これに対して

$$f(x_1)+f(x_2)=ax_1{}^2+ax_2{}^2$$

となり，性質①は成立しない。

さらに

$$f(kx) = a(kx)^2$$

これに対して，$kf(x) = kax^2$

であるから，性質②も成立しないことがわかる。 □

問題 1.7 関数 $f(x) = ax^3$ が線形性を満たすかどうかを考えよ。

問題 1.8 関数 $f(x) = e^{ax}$ が線形性を満たすかどうかを考えよ。

1.4 行列について

本書の行列の始めの部分については，まず，具体例を通じて社会生活における数理的な表現の工夫という観点から，行列が意味している内容をしっかりと学ぶ。そして，行列の相等，和，差，実数倍などの演算から連立1次方程式の解法，対称移動までを学び，つぎの1次変換へと繋げていく。これらを通じて，本来の姿の線形代数を学んでいくことにする。

ここでは，行列の簡単な具体例から考えていきたい。

いま，工場Aでは毎日，二つの原料I，Jをもとに，二つの製品P，Qを作っている。製品Pには，原料Iを2kg，原料Jを3kg使い，製品Qには，原料Iを1kg，原料Jを4kg使って作るものとする。製品P，Qをそれぞれ x_1 個，x_2 個ずつ作るとすると，どれだけの量の原料が必要となるか。さらに，在庫として，原料Iが y_1〔kg〕，原料Jが y_2〔kg〕あるとき，製品P，Qはそれぞれ何個ずつ作ることができるかを考える。

まず，製品と原料の関係を表にまとめると

原料＼製品	P	Q
I	2	1
J	3	4

のように表せるから，
これを行列として

$$\begin{pmatrix} 2 & 1 \\ 3 & 4 \end{pmatrix}$$

と表す。

この横の並びを行といい

$\begin{pmatrix} 2 & 1 \end{pmatrix}$ を第1行

$\begin{pmatrix} 3 & 4 \end{pmatrix}$ を第2行

という。
さらに，縦の並びを列と呼び

$\begin{pmatrix} 2 \\ 3 \end{pmatrix}$ を第1列　　$\begin{pmatrix} 1 \\ 4 \end{pmatrix}$ を第2列

という。

このように，行数と列数が等しい行列を**正方行列**という。また，個々の数値は，(何行，何列）目に位置しているものなのかを明らかにするために

2を（1，1）要素，1を（1，2）要素

3を（2，1）要素，4を（2，2）要素

のように表す。

この行列から，行あるいは列だけ取り出したものを，2次元の行ベクトル，または，2次元の列ベクトルという。

例えば，$\begin{pmatrix} 2 & 1 \end{pmatrix}$ は，行ベクトルで，製品1個当りの原料Iの量を表し，さらに

$$\begin{pmatrix} 2 \\ 3 \end{pmatrix}$$

は，列ベクトルで，製品Pを1個作るのに必要な原料I，Jの量を表すことになる。

1種類の製品だけを作るときの使用した原料の量を考えるときには

(1個当りの原料の量)×(製品の数)＝(使用した原料の量)

という計算で求められるが，製品が1種類でないときは，それぞれについて同じ計算をする必要がある。このことから，2種類の製品P，Qの1日に製造する個数をおのおの x_1，x_2 個とし，そのときに使われる原料I，Jの量をおのおの y_1，y_2 とするならば

$$2x_1+1x_2=y_1$$

$$3x_1+4x_2=y_2$$

となるから，これを行ベクトルと列ベクトルの積として，つぎのように定める。

$$\begin{pmatrix} 2 & 1 \end{pmatrix}\begin{pmatrix} x_1 \\ x_2 \end{pmatrix}=2x_1+1x_2$$

同様に

$$\begin{pmatrix} 3 & 4 \end{pmatrix}\begin{pmatrix} x_1 \\ x_2 \end{pmatrix}=3x_1+4x_2$$

以上をまとめると，原料I，Jについて，y_1，y_2 を用いて

$$\begin{pmatrix} 2 & 1 \\ 3 & 4 \end{pmatrix}\begin{pmatrix} x_1 \\ x_2 \end{pmatrix}=\begin{pmatrix} y_1 \\ y_2 \end{pmatrix}$$

となる。

同様にして，もし，もう一つの工場Bで同じ製品を作っているとして，工場Bで作られる製品P，Qの1日に製造する個数をおのおの x_1'，x_2'，そのときに使われる原料I，Jの量をおのおの y_1'，y_2' として，この工場Bでの製品の個数と原料との関係を表すと

$$\begin{pmatrix} 2 & 1 \\ 3 & 4 \end{pmatrix}\begin{pmatrix} x_1' \\ x_2' \end{pmatrix}=\begin{pmatrix} y_1' \\ y_2' \end{pmatrix}$$

となる。

これをまとめると，つぎのように二つの2行2列の行列の積の形が得ら

れる。

$$\begin{pmatrix} 2 & 1 \\ 3 & 4 \end{pmatrix}\begin{pmatrix} x_1 & x_1' \\ x_2 & x_2' \end{pmatrix}=\begin{pmatrix} y_1 & y_1' \\ y_2 & y_2' \end{pmatrix}$$

【例 1.10】 上記の方法を用いて，つぎの二つの行列の積を求めてみよう。

$$\begin{pmatrix} 2 & 1 \\ 3 & 4 \end{pmatrix}\begin{pmatrix} 3 & -1 & 2 \\ 6 & 4 & 5 \end{pmatrix}$$

		3	−1	2
		6	4	5
2	1	2×3+1×6	2×(−1)+1×4	2×2+1×5
3	4	3×3+4×6	3×(−1)+4×4	3×2+4×5

これより

$$\begin{pmatrix} 12 & 2 & 9 \\ 33 & 13 & 26 \end{pmatrix}$$

が得られる。 □

問題 1.9 つぎの計算をせよ。

（1） $\begin{pmatrix} 2 & 1 \\ 0 & 5 \end{pmatrix}\begin{pmatrix} -4 & -3 \\ 7 & 1 \end{pmatrix}$　　（2） $\begin{pmatrix} -1 & 4 \\ 2 & -3 \end{pmatrix}\begin{pmatrix} 3 & 5 \\ 4 & -7 \end{pmatrix}$

（3） $\begin{pmatrix} 1 & -3 \\ -6 & 5 \end{pmatrix}\begin{pmatrix} 0 & 2 \\ 3 & 4 \end{pmatrix}$　　（4） $\begin{pmatrix} -3 & 2 \\ 5 & -4 \end{pmatrix}\begin{pmatrix} 1 & -7 & 3 \\ -2 & 2 & 4 \end{pmatrix}$

（5） $\begin{pmatrix} -4 \\ 3 \end{pmatrix}\begin{pmatrix} 7 & -5 \end{pmatrix}$

製品 P，Q の 1 日に製造する個数 x_1，x_2 に対して，そのときに使われる原料 I，J の量 y_1，y_2 は

$$\begin{pmatrix} 2 & 1 \\ 3 & 4 \end{pmatrix}\begin{pmatrix} x_1 \\ x_2 \end{pmatrix}=\begin{pmatrix} y_1 \\ y_2 \end{pmatrix}$$

と表されたが，逆に，原料の量 y_1，y_2 が決められている場合，これに対する製品の個数 x_1，x_2 を求めるには，つぎの連立1次方程式を解けばよいことになる。

$$\begin{cases} 2x_1+x_2=y_1 \\ 3x_1+4x_2=y_2 \end{cases}$$

右辺について，$y_1=y_1+0y_2$，$y_2=0y_1+y_2$ と変形し

$$* \begin{cases} 2x_1+x_2=y_1=y_1+0y_2 \\ 3x_1+4x_2=y_2=0y_1+y_2 \end{cases}$$

これより，いわゆる**消去法**（elimination method）と同じ手法を用いて

$$** \begin{cases} x_1+0x_2=ay_1+by_2 \\ 0x_1+x_2=cy_1+dy_2 \end{cases}$$

となるように，式＊からスタートし，一つの行全体に適当な数を掛けたり，二つの行どうしを足したり引いたりすることにより，上式＊＊を得るようにする。これをシステマティックに整理した方法が**掃き出し法**（sweeping-out method）という。

掃き出し法は，＊の方程式の係数にだけ注目をし，初めに，つぎのような表を作成する。

x_1	x_2	y_1	y_2
2	1	1	0
3	4	0	1

ゴール＊＊を目指して，つぎのように行う。

x_1	x_2	y_1	y_2	行に施す演算
2	1	1	0	$\times\left(\frac{1}{2}\right)$
3	4	0	1	
1	$\frac{1}{2}$	$\frac{1}{2}$	0	$\times(-3)$
3	4	0	1	$+$ ←（上の行の演算結果を加える）

$$
\begin{array}{cccccl}
1 & \frac{1}{2} & \frac{1}{2} & 0 & & \\
0 & \frac{5}{2} & -\frac{3}{2} & 1 & & \times\left(\frac{2}{5}\right) \\
\hline
1 & \frac{1}{2} & \frac{1}{2} & 0 & & + \\
0 & 1 & -\frac{3}{5} & \frac{2}{5} & & \times\left(-\frac{1}{2}\right) \\
\hline
1 & 0 & \frac{4}{5} & -\frac{1}{5} & & \\
0 & 1 & -\frac{3}{5} & \frac{2}{5} & & \\
\hline
\end{array}
$$

よって

$$
\begin{pmatrix} x_1 \\ x_2 \end{pmatrix} = \begin{pmatrix} \frac{4}{5} & -\frac{1}{5} \\ -\frac{3}{5} & \frac{2}{5} \end{pmatrix} \begin{pmatrix} y_1 \\ y_2 \end{pmatrix}
$$

と表せる。これは，製品 P，Q のおのおのの個数 x_1，x_2 が，つぎの式で表されることを示している。

$$
\begin{cases} x_1 = \frac{4}{5} y_1 + \left(-\frac{1}{5}\right) y_2 \\ x_2 = \left(-\frac{3}{5}\right) y_1 + \frac{2}{5} y_2 \end{cases}
$$

これにより，もし，2 種類の原料 I，J の量 y_1，y_2 がおのおの 100 kg，200 kg であるときには

$$
\begin{cases} x_1 = \frac{4}{5} \cdot 100 + \left(-\frac{1}{5}\right) \cdot 200 = 40 \\ x_2 = \left(-\frac{3}{5}\right) \cdot 100 + \frac{2}{5} \cdot 200 = 20 \end{cases}
$$

となり，製品 P は 40 個，製品 Q は 20 個作ることができる。

問題 1.10　つぎの行列に掃き出し法を行え。

（1） $\begin{pmatrix} 1 & 3 \\ 2 & 1 \end{pmatrix}$　（2） $\begin{pmatrix} -1 & 4 \\ 2 & 3 \end{pmatrix}$　（3） $\begin{pmatrix} 2 & 1 \\ -3 & 5 \end{pmatrix}$　（4） $\begin{pmatrix} -4 & 8 \\ 6 & 2 \end{pmatrix}$

【例 1.11】 平面上の点 $P(x_1, x_2)$ の原点に関する対称点を $Q(y_1, y_2)$ とすると

$$y_1 = -x_1, \quad y_2 = -x_2$$

であるが，行列を用いて，上式は

$$\begin{cases} y_1 = -x_1 = -x_1 + 0x_2 \\ y_2 = -x_2 = 0x_1 - x_2 \end{cases}$$

と考えられるから

$$\begin{pmatrix} y_1 \\ y_2 \end{pmatrix} = \begin{pmatrix} -1 & 0 \\ 0 & -1 \end{pmatrix} \begin{pmatrix} x_1 \\ x_2 \end{pmatrix}$$

と表されて，求めるものは

$$\begin{pmatrix} -1 & 0 \\ 0 & -1 \end{pmatrix}$$

である。

さらに，点 $Q(y_1, y_2)$ に対する原像 $P(x_1, x_2)$ は

x_1	x_2	y_1	y_2
-1	0	1	0
0	-1	0	1

において，1 行目，2 行目それぞれに -1 を掛ければ

x_1	x_2	y_1	y_2
1	0	-1	0
0	1	0	-1

となるから

$$\begin{pmatrix} x_1 \\ x_2 \end{pmatrix} = \begin{pmatrix} -1 & 0 \\ 0 & -1 \end{pmatrix} \begin{pmatrix} y_1 \\ y_2 \end{pmatrix}$$

と表されて，求めるものは

$$\begin{pmatrix} -1 & 0 \\ 0 & -1 \end{pmatrix}$$

であり，これは，図形の原点対称移動の性質からも明らかである。 □

問題 1.11　平面上の点 P とその x 軸に関する対称点 Q との対応を表す行列を求めよ。また，求めた行列を 2 乗せよ。どのようなことがいえるか。

問題 1.12　平面上の点 P とその $y=x$ に関する対称点 Q との対応を表す行列を求めよ。また，求めた行列を 2 乗せよ。どのようなことがいえるか。

【例 1.12】　一般に，平面上の点 $\mathrm{P}(x_1,\ x_2)$ と直線 $y=mx$ に関して対称な点 $\mathrm{Q}(y_1,\ y_2)$ との対応を表す行列は，つぎのようにして求めることができる。

まず，ベクトル $(y_1-x_1,\ y_2-x_2)$ と直線 $y=mx$ は垂直であることから

$$\frac{y_2-x_2}{y_1-x_1}=-\frac{1}{m} \quad \text{----------①}$$

さらに，線分 PQ の中点 $\left(\dfrac{y_1+x_1}{2},\ \dfrac{y_2+x_2}{2}\right)$ は，直線 $y=mx$ 上にあるから

$$\frac{y_2+x_2}{2}=m\frac{y_1+x_1}{2} \quad \text{----------②}$$

①，② より

$$\begin{cases} y_1-x_1+m(y_2-x_2)=0 \\ m(y_1+x_1)-(y_2+x_2)=0 \end{cases}$$

y_1，y_2 を求める連立 1 次方程式として

$$\begin{cases} y_1+my_2=x_1+mx_2 \\ my_1-y_2=-mx_1+x_2 \end{cases}$$

となるから，これを解いて

$$y_1=\frac{(1-m^2)\,x_1+2mx_2}{1+m^2}, \quad y_2=\frac{2mx_1-(1-m^2)\,x_2}{1+m^2}$$

よって，求める行列は

$$\begin{pmatrix} y_1 \\ y_2 \end{pmatrix} = \begin{pmatrix} \dfrac{1-m^2}{1+m^2} & \dfrac{2m}{1+m^2} \\ \dfrac{2m}{1+m^2} & -\dfrac{1-m^2}{1+m^2} \end{pmatrix} \begin{pmatrix} x_1 \\ x_2 \end{pmatrix}$$

□

1.5　1次変換について

関数 f の定義域と終域が同じ集合の場合には，その関数 f を変換というが，特に，1次変換は行列と深い係わり合いを持つ。

ここでは，実数 $\boldsymbol{R}$ における2次元ベクトルの全体の集合を考えて，平面上の位置ベクトル（x_1, x_2）を列ベクトル $\begin{pmatrix} x_1 \\ x_2 \end{pmatrix}$ で表すと

一般に $\begin{cases} a_1x_1+b_1x_2=y_1 \\ a_2x_1+b_2x_2=y_2 \end{cases}$ すなわち $\begin{pmatrix} a_1 & b_1 \\ a_2 & b_2 \end{pmatrix}\begin{pmatrix} x_1 \\ x_2 \end{pmatrix}=\begin{pmatrix} y_1 \\ y_2 \end{pmatrix}$ によって，平面上の点 $\begin{pmatrix} x_1 \\ x_2 \end{pmatrix}$ に対応する平面上の点 $\begin{pmatrix} y_1 \\ y_2 \end{pmatrix}$ が定められる。この対応を $\begin{pmatrix} x_1 \\ x_2 \end{pmatrix}$ から $\begin{pmatrix} y_1 \\ y_2 \end{pmatrix}$ への**1次変換**（linear transformation）という。このとき

$$\begin{pmatrix} a_1 & b_1 \\ a_2 & b_2 \end{pmatrix}$$

を**1次変換の行列**という。

さらに，n 次元ベクトル $\begin{pmatrix} x_1 \\ x_2 \\ \vdots \\ x_n \end{pmatrix}$ と m 次元ベクトル $\begin{pmatrix} y_1 \\ y_2 \\ \vdots \\ y_m \end{pmatrix}$ との対応として

$$\begin{pmatrix} a_{11} & a_{12} & \cdots & a_{1n} \\ a_{21} & a_{22} & \cdots & a_{2n} \\ \vdots & & \ddots & \vdots \\ a_{m1} & a_{m2} & \cdots & a_{mn} \end{pmatrix} \begin{pmatrix} x_1 \\ x_2 \\ \vdots \\ x_n \end{pmatrix} = \begin{pmatrix} y_1 \\ y_2 \\ \vdots \\ y_m \end{pmatrix}$$

のように，1次変換は定義される。

先の例1.11，1.12と問題1.11，1.12は，それぞれ一次変換の例である。

問題1.13　1次変換 $2x_1+3x_2=y_1$，$6x_1-x_2=y_2$ が与えられている。この1次変換の行列を求めよ。

問題1.14
3次元ベクトル $\begin{pmatrix} x_1 \\ x_2 \\ x_3 \end{pmatrix}$ を2次元ベクトル $\begin{pmatrix} x_1 \\ x_2 \end{pmatrix}$ に移す1次変換の行列を求めよ。

図1.8において原点Oを中心に角 θ だけ回転するとき，点P$\begin{pmatrix} x_1 \\ x_2 \end{pmatrix}$ は，点P′$\begin{pmatrix} y_1 \\ y_2 \end{pmatrix}$ に移されるとする。この回転による変換も1次変換として表すことができる。

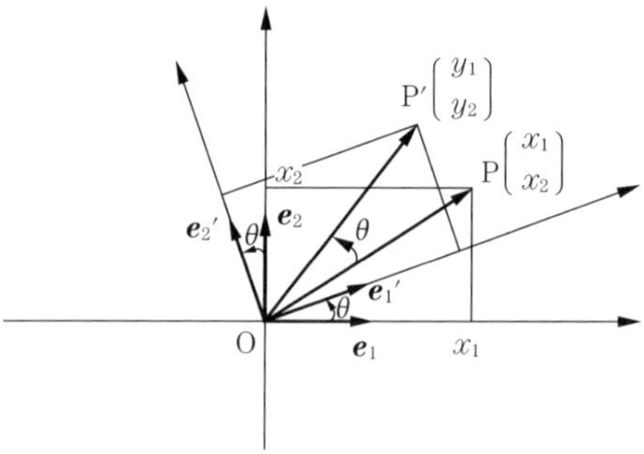

図1.8

$\boldsymbol{R}^2$ の基本ベクトル

$$\boldsymbol{e}_1=\begin{pmatrix} 1 \\ 0 \end{pmatrix},\quad \boldsymbol{e}_2=\begin{pmatrix} 0 \\ 1 \end{pmatrix}$$

を用いて

$$\overrightarrow{\mathrm{OP}}=x_1\boldsymbol{e}_1+x_2\boldsymbol{e}_2$$

と表される。

ここで，基本ベクトル $\boldsymbol{e}_1$，$\boldsymbol{e}_2$ を θ だけ回転して得られるベクトルを $\boldsymbol{e}_1'$，$\boldsymbol{e}_2'$ とすると，$\overrightarrow{\mathrm{OP}'}$ の $\boldsymbol{e}_1'$，$\boldsymbol{e}_2'$ に対する位置は，$\overrightarrow{\mathrm{OP}}$ の $\boldsymbol{e}_1$，$\boldsymbol{e}_2$ に対するものと同じであるから

$$\overrightarrow{\mathrm{OP'}}=x_1\boldsymbol{e}_1'+x_2\boldsymbol{e}_2'$$

が得られる。

ここで，$\boldsymbol{e}_1$，$\boldsymbol{e}_2$ と $\boldsymbol{e}_1'$，$\boldsymbol{e}_2'$ との関係は

$$\boldsymbol{e}_1'=\cos\theta\cdot\boldsymbol{e}_1+\sin\theta\cdot\boldsymbol{e}_2$$

$$\boldsymbol{e}_2'=\cos\left(\theta+\frac{\pi}{2}\right)\cdot\boldsymbol{e}_1+\sin\left(\theta+\frac{\pi}{2}\right)\cdot\boldsymbol{e}_2=-\sin\theta\cdot\boldsymbol{e}_1+\cos\theta\cdot\boldsymbol{e}_2$$

であるから，これより

$$\overrightarrow{\mathrm{OP'}}=(x_1\cos\theta-x_2\sin\theta)\,\boldsymbol{e}_1+(x_1\sin\theta+x_2\cos\theta)\,\boldsymbol{e}_2$$

を得る。すなわち

$$\overrightarrow{\mathrm{OP'}}=\begin{pmatrix}y_1\\y_2\end{pmatrix}=\begin{pmatrix}x_1\cos\theta-x_2\sin\theta\\x_1\sin\theta+x_2\cos\theta\end{pmatrix}=\begin{pmatrix}\cos\theta & -\sin\theta\\\sin\theta & \cos\theta\end{pmatrix}\begin{pmatrix}x_1\\x_2\end{pmatrix}$$

である。これより，θ 回転による1次変換の行列は

$$\begin{pmatrix}\cos\theta & -\sin\theta\\\sin\theta & \cos\theta\end{pmatrix}$$

となる。

【例 1.13】 原点を中心に，つぎの角 θ だけ回転するとき，その回転の変換行列を求めてみる。

（1） $\theta-\dfrac{\pi}{6}$ のとき，変換行列は

$$\begin{pmatrix}\dfrac{\sqrt{3}}{2} & -\dfrac{1}{2}\\\dfrac{1}{2} & \dfrac{\sqrt{3}}{2}\end{pmatrix}$$

（2） $\theta=-\dfrac{2\pi}{3}$ のとき，変換行列は

$$\begin{pmatrix}-\dfrac{1}{2} & \dfrac{\sqrt{3}}{2}\\-\dfrac{\sqrt{3}}{2} & -\dfrac{1}{2}\end{pmatrix}$$

□

問題 1.15　原点を中心に，つぎの角 θ だけ回転するとき，その回転の変換行列を求めよ。

（1）$\theta=\dfrac{\pi}{3}$　（2）$\theta=\dfrac{\pi}{2}$　（3）$\theta=\dfrac{5\pi}{6}$　（4）$\theta=-\dfrac{\pi}{3}$

【例 1.14】　二つの回転移動の合成変換を用いて，三角関数の加法定理を証明してみる。

原点を中心に α，β をこの順序に回転させるとすると

$$\begin{pmatrix} y_1 \\ y_2 \end{pmatrix}=\begin{pmatrix} \cos\alpha & -\sin\alpha \\ \sin\alpha & \cos\alpha \end{pmatrix}\begin{pmatrix} x_1 \\ x_2 \end{pmatrix},\quad \begin{pmatrix} y_1' \\ y_2' \end{pmatrix}=\begin{pmatrix} \cos\beta & -\sin\beta \\ \sin\beta & \cos\beta \end{pmatrix}\begin{pmatrix} y_1 \\ y_2 \end{pmatrix}$$

であるから，これらの合成変換は

$$\begin{aligned}\begin{pmatrix} y_1' \\ y_2' \end{pmatrix}&=\begin{pmatrix} \cos\beta & -\sin\beta \\ \sin\beta & \cos\beta \end{pmatrix}\begin{pmatrix} \cos\alpha & -\sin\alpha \\ \sin\alpha & \cos\alpha \end{pmatrix}\begin{pmatrix} x_1 \\ x_2 \end{pmatrix}\\ &=\begin{pmatrix} \cos\beta\cos\alpha-\sin\beta\sin\alpha & -\cos\beta\sin\alpha-\sin\beta\cos\alpha \\ \sin\beta\cos\alpha+\cos\beta\sin\alpha & -\sin\beta\sin\alpha+\cos\beta\cos\alpha \end{pmatrix}\begin{pmatrix} x_1 \\ x_2 \end{pmatrix}\end{aligned}$$

となる。ところが，回転移動の定義より

$$\begin{pmatrix} y_1' \\ y_2' \end{pmatrix}=\begin{pmatrix} \cos(\alpha+\beta) & -\sin(\alpha+\beta) \\ \sin(\alpha+\beta) & \cos(\alpha+\beta) \end{pmatrix}\begin{pmatrix} x_1 \\ x_2 \end{pmatrix}$$

であるから，求める加法定理

$$\cos(\alpha+\beta)=\cos\alpha\cos\beta-\sin\alpha\sin\beta$$

$$\sin(\alpha+\beta)=\sin\alpha\cos\beta+\cos\alpha\sin\beta$$

を得る。　□

問題 1.16　**図 1.9** において座標系 O-x_1x_2 を原点 O の周りに角 θ だけ回転して得られる座標系を O-y_1y_2 とし，座標系 O-x_1x_2 上の任意の点 P$\begin{pmatrix} x_1 \\ x_2 \end{pmatrix}$ と座標系 O-y_1y_2 における点 P の座標$\begin{pmatrix} y_1 \\ y_2 \end{pmatrix}$ との関係が $\overrightarrow{\mathrm{OP}}=x_1\boldsymbol{e}_1+x_2\boldsymbol{e}_2=y_1\boldsymbol{e}_1'+y_2\boldsymbol{e}_2'$ であることを用いて，この座標系を回転して得られる変換行列を求めよ。

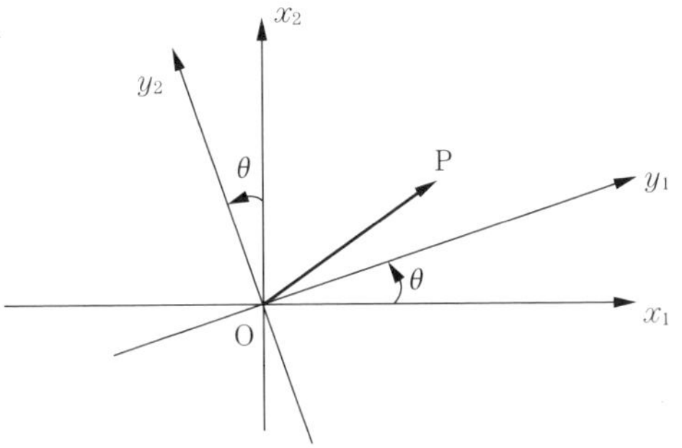

図 1.9

問題 1.17　座標系 O-x_1x_2 を $\dfrac{\pi}{4}$ だけ回転して得られる変換行列を求めて，曲線の方程式 $x_1x_2=1$ が座標系 O-y_1y_2 ではどのような方程式になるか。

演　習　問　題

1.　ある食料品店で売っている桃，みかん，梨の缶詰の1個の値段と1個の重さはそれぞれつぎの表のようである。

	桃	みかん	梨
値段〔円〕	200	100	150
重さ〔g〕	300	200	250

この食料品店で佐藤，鈴木，田中の三人がつぎの表のような買い物をしたとする。

	佐　藤	鈴　木	田　中
桃	2	1	4
みかん	3	2	0
梨	1	2	3

下の表を完成せよ。

	佐　藤	鈴　木	田　中
代金〔円〕			
重さ〔g〕			

2. 1次変換 $\begin{pmatrix} x' \\ y' \end{pmatrix} = \begin{pmatrix} 1 & 1 \\ 1 & -2 \end{pmatrix} \begin{pmatrix} x \\ y \end{pmatrix}$

によって，直線 $y=x+1$ はどのような図形に移されるか。

3. 1次変換 $\begin{pmatrix} x' \\ y' \end{pmatrix} = \begin{pmatrix} 1 & -1 \\ 3 & -3 \end{pmatrix} \begin{pmatrix} x \\ y \end{pmatrix}$

によって，つぎの図形はどのような図形に移されるか。

（1） $y=x-1$

（2） $x^2+y^2=1$

コラム

線形計画法（Linear Programming）

工場Aで二つの製品P，Qを作っている。製品P，Qを各1個作るために必要な原材料については本文中でも述べたが，そのほかに，費用として人件費や水道・電気などのいわゆる水道光熱費も必要とされる。その費用の支払い限度額が決められていて，つぎの表の通りであるとする。このとき，製品P，Q各1個当りの利益が製品Pは700円，製品Qは300円であるとする。

項目＼製品	P	Q	支払い限度額〔百円〕
人件費	3	2	600
水道光熱費	4	1	500

これらの条件の下で，利益を最大にするには製品P，Qをどのような生産計画，すなわち何個ずつ生産したらよいかの問題を解く方法を**線形計画法**という。

いま，製品P，Qをそれぞれ x 個，y 個ずつ作るとすると

$$\begin{cases} 3x+2y \leqq 600 \\ 4x+y \leqq 500 \\ x \geqq 0,\ y \geqq 0 \end{cases}$$

利益：$f=7x+3y$〔百円〕

であるから，**図 1.10** の黒く塗られた部分が支払い条件の求める領域であり，

その領域内において利益 f を最大にする (x, y) を求めればよいことになる。太い直線が利益 f の最大を与える直線であり，求める点は (80, 180) すなわち $x=80$ 個，$y=180$ 個で最大利益 $f=1100$〔百円〕が得られる。

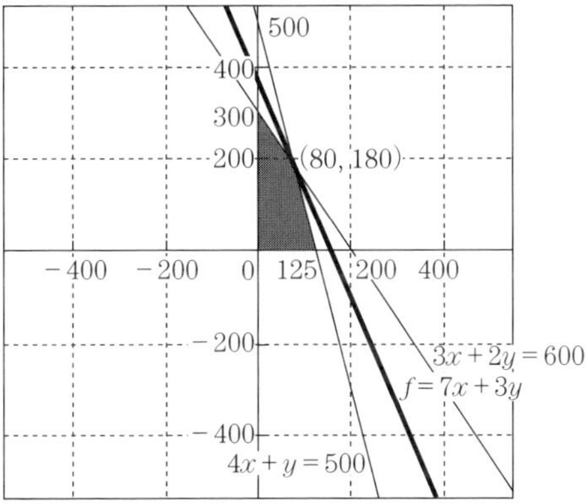

図 1.10

2 幾何学的ベクトル

3次元空間の直交座標系でのベクトルの方向余弦，また，ベクトル演算として，加法，スカラーとの積，内積，外積，そして，二つのベクトルの直交条件，平行条件までのベクトルの最も基礎的な内容を学ぶことにする。ベクトル空間についての基や次元については5章に委ねることにする。

2.1 ベクトルとその演算

ベクトルとは，1行あるいは1列に並べて書かれた順序を持った実数 $\boldsymbol{R}$ の組をいう。特に，1行に書かれたものを行ベクトル，1列に書かれたものを列ベクトルという。

$$\boldsymbol{u}=(u_1,\ u_2,\ \cdots,\ u_n), \qquad \boldsymbol{u}=\begin{pmatrix} u_1 \\ u_2 \\ \vdots \\ u_n \end{pmatrix}$$

ここで，$u_1,\ u_2,\ \cdots,\ u_n$ をベクトル $\boldsymbol{u}$ の成分(要素)，n を成分の個数といい，この n をベクトル $\boldsymbol{u}$ の次元という。もし，すべての $u_i=0$，$i=1,\ 2,\ \cdots,\ n$ のとき，すなわち

$$\boldsymbol{0}=(0,\ 0,\ \cdots,\ 0)$$

を**零ベクトル**あるいは**ゼロベクトル**という。また，二つのベクトル $\boldsymbol{u}$，$\boldsymbol{v}$ が等しいとは，$\boldsymbol{u}$，$\boldsymbol{v}$ のたがいに対応する成分が等しい場合に限っていう。すなわち，二つのベクトル $\boldsymbol{u}=(u_1,\ u_2,\ \cdots,\ u_n)$，$\boldsymbol{v}=(v_1,\ v_2,\ \cdots,\ v_m)$，におい

て，成分の個数であるベクトルの次元 n，m について，$n=m$，かつ，$u_i=v_i$，$i=1, 2, \cdots, n$ でなければならない。

ベクトルの加法とスカラーとの積

同じ次元の二つのベクトル $\boldsymbol{u}$，$\boldsymbol{v}$ において，その和 $\boldsymbol{u}+\boldsymbol{v}$ はつぎのように定義される。

$$\boldsymbol{u}=(u_1, u_2, \cdots, u_n),\quad \boldsymbol{v}=(v_1, v_2, \cdots, v_n) \text{ のとき，}$$

$$\boldsymbol{u}+\boldsymbol{v}=(u_1+v_1, u_2+v_2, \cdots, u_n+v_n)$$

すなわち，対応する成分ごとの和を考えればよい。

さらに，スカラー k との積は

$$k\boldsymbol{u}=(ku_1, ku_2, \cdots, ku_n)$$

で定義される。

特に，$-\boldsymbol{u}=(-1)\boldsymbol{u}$ と考えられるから，二つのベクトル $\boldsymbol{u}$，$\boldsymbol{v}$ の差は

$$\boldsymbol{u}-\boldsymbol{v}=\boldsymbol{u}+(-\boldsymbol{v})=\boldsymbol{u}+(-1)\boldsymbol{v}$$

と定義する。

【例 2.1】　二つのベクトルが $\boldsymbol{u}=(1, 2, -3)$，$\boldsymbol{v}=(0, -4, 7)$ のとき

$$\boldsymbol{u}+\boldsymbol{v}=(1+0, 2-4, -3+7)=(1, -2, 4)$$

$$3\boldsymbol{u}=(3, 6, -9)$$

$$3\boldsymbol{u}-2\boldsymbol{v}=(3, 6, -9)-(0, -8, 14)=(3, 14, -23)$$

□

ベクトルの加法とスカラーとの積はつぎの性質を満足する。

①　$\boldsymbol{u}+\boldsymbol{v}=\boldsymbol{v}+\boldsymbol{u}$

②　$(\boldsymbol{u}+\boldsymbol{v})+\boldsymbol{w}=\boldsymbol{u}+(\boldsymbol{v}+\boldsymbol{w})$

③　$k\boldsymbol{u}=\boldsymbol{u}k$

④　$l(k\boldsymbol{u})=(lk)\boldsymbol{u}$

問題 2.1　$\boldsymbol{a}=(3, -1, 2)$，$\boldsymbol{b}=(-1, 1, 3)$，$\boldsymbol{c}=(2, 0, 5)$ が与えられているとき，つぎの計算をせよ。

（a）$2\boldsymbol{a}$　（b）$-\boldsymbol{b}$　（c）$\boldsymbol{a}+\boldsymbol{b}$　（d）$2\boldsymbol{a}-\boldsymbol{b}+3\boldsymbol{c}$

問題 2.2　3次元のベクトルにおいて，つぎの関係があるとき，a_1，a_2，a_3 を求めよ。

$$3(a_1, a_2, a_3)+(-2, 3, 7)=(4, -12, 10)$$

問題 2.3　$\boldsymbol{u}+\boldsymbol{0}=\boldsymbol{0}+\boldsymbol{u}$，$0\boldsymbol{u}=\boldsymbol{0}$ が成立することを示せ。

問題 2.4　上記の性質 ①〜④ が成り立つことを示せ。

2.2　ベクトルの内積と外積

図 2.1 において3次元空間における直交座標系の原点 O に，ベクトル $\boldsymbol{u}$ の始点をとったとき，ベクトル $\boldsymbol{u}$ と x 軸，y 軸，z 軸とのなす角をそれぞれ α，β，γ とすると，ベクトル $\boldsymbol{u}$ の各軸への正射影は

$$u_x=|\boldsymbol{u}|\cos\alpha,\quad u_y=|\boldsymbol{u}|\cos\beta,\quad u_z=|\boldsymbol{u}|\cos\gamma$$

であって，これらを $\boldsymbol{u}$ の x，y，z 成分といい

$$\boldsymbol{u}=(u_x, u_y, u_z)$$

と表す。また，$\cos\alpha$，$\cos\beta$，$\cos\gamma$ をベクトル $\boldsymbol{u}$ の**方向余弦**という。

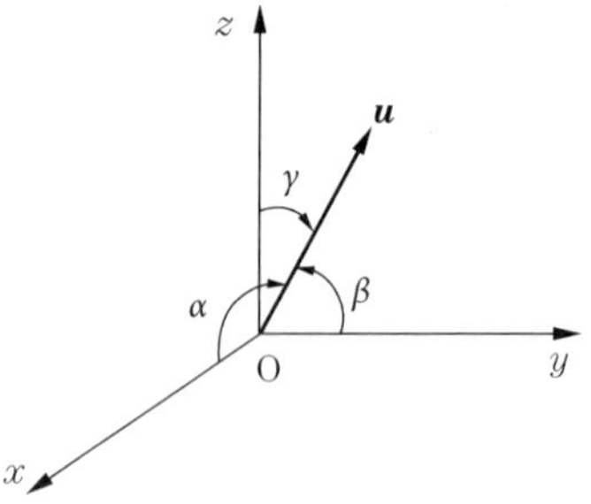

図 2.1

さらに，x 軸，y 軸，z 軸の正方向に一致している**単位ベクトル**（大きさ1のベクトル）を**基本ベクトル**といい，それぞれ $\boldsymbol{i}$，$\boldsymbol{j}$，$\boldsymbol{k}$ で表すと

$$\boldsymbol{i}=(1, 0, 0),\quad \boldsymbol{j}=(0, 1, 0),\quad \boldsymbol{k}=(0, 0, 1)$$

であるから，これを用いて

$$\boldsymbol{u}=(u_x, u_y, u_z)=u_x\boldsymbol{i}+u_y\boldsymbol{j}+u_z\boldsymbol{k}$$

と表すことができる。また，ベクトル $\boldsymbol{u}$ の大きさ，あるいは絶対値 $|\boldsymbol{u}|$ は

$|\boldsymbol{u}|=\sqrt{u_x{}^2+u_y{}^2+u_z{}^2}$ であるから，ベクトル $\boldsymbol{u}$ の方向余弦は

$$\cos\alpha=\frac{u_x}{|\boldsymbol{u}|},\quad \cos\beta=\frac{u_y}{|\boldsymbol{u}|},\quad \cos\gamma=\frac{u_z}{|\boldsymbol{u}|}$$

で求めることができる。

問題 2.5　$\boldsymbol{u}=2\boldsymbol{i}-4\boldsymbol{j}+3\boldsymbol{k}$，$\boldsymbol{v}=5\boldsymbol{i}-6\boldsymbol{j}+8\boldsymbol{k}$ のとき，$3\boldsymbol{u}+4\boldsymbol{v}$ を求めよ。

問題 2.6　$\boldsymbol{u}=(4,\ -3,\ -5)$ のとき，$|\boldsymbol{u}|$ と $\boldsymbol{u}$ の方向余弦を求めよ。

問題 2.7　$\boldsymbol{u}=(\sqrt{2},\ -1,\ 1)$ のとき，$|\boldsymbol{u}|$ と $\boldsymbol{u}$ の方向余弦を求めよ。また，ベクトル $\boldsymbol{u}$ と x 軸，y 軸，z 軸とのなす角 α，β，γ も求めよ。

2.2.1　内　　　積

図 2.2 のように二つのベクトル $\boldsymbol{u}$，$\boldsymbol{v}$ が同じ始点を持ち，$\boldsymbol{u}$，$\boldsymbol{v}$ の正の交角を θ とするとき，つぎの式で与えられるスカラーを $\boldsymbol{u}$，$\boldsymbol{v}$ の**内積**（inner product）または，**スカラー積**（scalar product），**ドットプロダクト**（dot product）という。

$$\boldsymbol{u}\cdot\boldsymbol{v}=|\boldsymbol{u}|\,|\boldsymbol{v}|\cos\theta$$

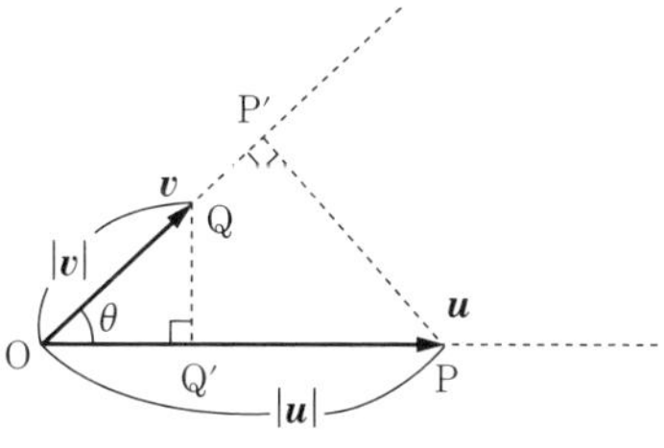

図 2.2

図 2.2 においては，$\boldsymbol{u}\cdot\boldsymbol{v}=\mathrm{OP}\times\mathrm{OQ'}=\mathrm{OQ}\times\mathrm{OP'}$ となる。

また，$\boldsymbol{u}=\boldsymbol{v}$ のときは，$\boldsymbol{u}\cdot\boldsymbol{u}=\boldsymbol{u}^2$ と表すことにすると，$\boldsymbol{u}\cdot\boldsymbol{u}=|\boldsymbol{u}|^2=\boldsymbol{u}^2$ となる。さらに，$\cos(-\theta)=\cos\theta$ であるから，交角 θ を正の方向（反時計回り），にとっても，負の方向（時計回り）にとっても，その内積は変わらないのがわかる。内積の定義により，零ベクトルでない二つのベクトルが直交しているなら

ば，その交角は 90° すなわち $\theta=\dfrac{\pi}{2}$ であるから，$\cos\dfrac{\pi}{2}=0$ より，これら二つのベクトルの内積は 0 になることがわかる。また，この逆も成立する。

定 理 2.1　零ベクトルではない二つのベクトル $\boldsymbol{u}$，$\boldsymbol{v}$ が直交するための必要十分条件は

$\boldsymbol{u}\cdot\boldsymbol{v}=0$ である。

内積の定義から，つぎのそれぞれの結果も得られる。

（1）　$\boldsymbol{u}\cdot\boldsymbol{u}=|\boldsymbol{u}|^2$，$|\boldsymbol{u}|=\sqrt{\boldsymbol{u}\cdot\boldsymbol{u}}=\sqrt{\boldsymbol{u}^2}$

（2）　$\boldsymbol{u}\cdot\boldsymbol{v}=\boldsymbol{v}\cdot\boldsymbol{u}$

（3）　$\boldsymbol{u}\cdot(\boldsymbol{v}+\boldsymbol{w})=\boldsymbol{u}\cdot\boldsymbol{v}+\boldsymbol{u}\cdot\boldsymbol{w}$

（4）　c をスカラーとすると，$\boldsymbol{u}\cdot(c\boldsymbol{v})=c(\boldsymbol{u}\cdot\boldsymbol{v})=(c\boldsymbol{u})\cdot\boldsymbol{v}$

（5）　$\boldsymbol{i}\cdot\boldsymbol{j}=\boldsymbol{j}\cdot\boldsymbol{k}=\boldsymbol{k}\cdot\boldsymbol{i}=0$，$\boldsymbol{i}^2=\boldsymbol{j}^2=\boldsymbol{k}^2=1$

（6）　$\boldsymbol{u}\cdot\boldsymbol{v}=u_1v_1+u_2v_2+u_3v_3$

【(6)の証明】

$$\boldsymbol{u}=(u_x,\ u_y,\ u_z)=u_x\boldsymbol{i}+u_y\boldsymbol{j}+u_z\boldsymbol{k},\quad \boldsymbol{v}=(v_x,\ v_y,\ v_z)=v_x\boldsymbol{i}+v_y\boldsymbol{j}+v_z\boldsymbol{k}$$

であるから

$$\begin{aligned}\boldsymbol{u}\cdot\boldsymbol{v}&=(u_x\boldsymbol{i}+u_y\boldsymbol{j}+u_z\boldsymbol{k})\cdot(v_x\boldsymbol{i}+v_y\boldsymbol{j}+v_z\boldsymbol{k})\\&=u_xv_x\boldsymbol{i}^2+u_yv_x\boldsymbol{j}\cdot\boldsymbol{i}+u_zv_x\boldsymbol{k}\cdot\boldsymbol{i}+u_xv_y\boldsymbol{i}\cdot\boldsymbol{j}+u_yv_y\boldsymbol{j}^2+u_zv_y\boldsymbol{k}\cdot\boldsymbol{j}\\&\quad+u_xv_z\boldsymbol{i}\cdot\boldsymbol{k}+u_yv_z\boldsymbol{j}\cdot\boldsymbol{k}+u_zv_z\boldsymbol{k}^2\\&=u_xv_x+u_yv_y+u_zv_z\end{aligned}$$

問題 2.8　$\boldsymbol{u}=3\boldsymbol{i}+\boldsymbol{j}-2\boldsymbol{k}$，$\boldsymbol{v}=4\boldsymbol{i}-3\boldsymbol{j}-\boldsymbol{k}$ のとき，絶対値 $|\boldsymbol{u}|$，$|\boldsymbol{v}|$，内積 $\boldsymbol{u}\cdot\boldsymbol{v}$ および $\cos\theta$ の値を求めよ。

2.2.2　外　　　積

図 2.3 のように二つのベクトル $\boldsymbol{u}$，$\boldsymbol{v}$ が同じ始点を持ち，$\boldsymbol{u}$，$\boldsymbol{v}$ の正の交角を θ とする。$\boldsymbol{u}$ から $\boldsymbol{v}$ へ θ だけ回転させて，$\boldsymbol{u}$ を $\boldsymbol{v}$ の向きに重ねるときに，右ねじの進む方向を持った単位ベクトルを $\boldsymbol{e}$ とすれば，$\boldsymbol{e}$ は $\boldsymbol{u}$ にも $\boldsymbol{v}$ にも垂

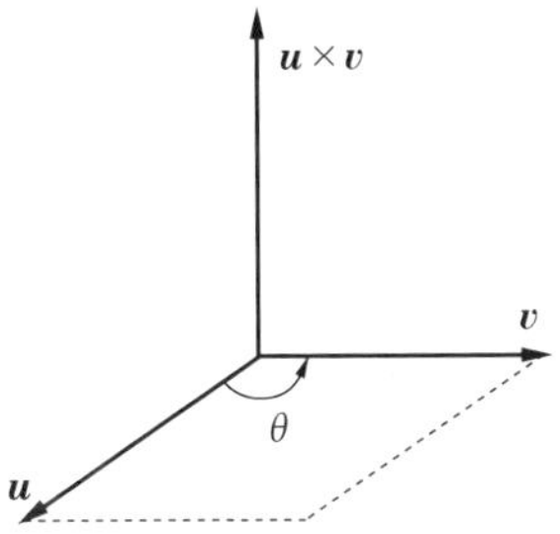

図 2.3

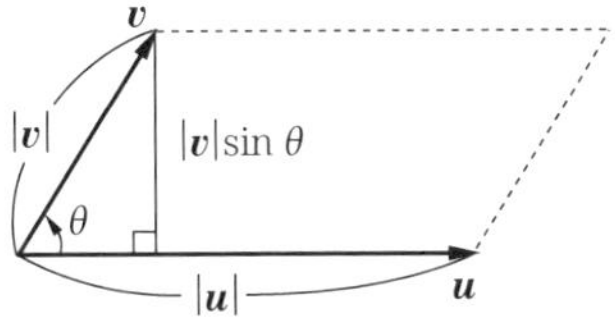

図 2.4

直である。そのとき，つぎの式で与えられるベクトルのことを $\boldsymbol{u}$ と $\boldsymbol{v}$ の**外積**（outer product）または**ベクトル積**（vector product），**クロスプロダクト**（cross product）という。

$$\boldsymbol{u}\times\boldsymbol{v}=(|\boldsymbol{u}||\boldsymbol{v}|\sin\theta)\boldsymbol{e}$$

ここで，**図 2.4** のように外積 $\boldsymbol{u}\times\boldsymbol{v}$ の大きさを考えると

$$|\boldsymbol{u}\times\boldsymbol{v}|=|\boldsymbol{u}||\boldsymbol{v}|\sin\theta,\quad 0\leqq\theta\leqq\pi$$

は，$\boldsymbol{u}$，$\boldsymbol{v}$ を 2 辺とする平行四辺形の面積に等しいことが理解される。

この定義によると零ベクトルでない二つのベクトルが平行ならば，その交角は $\theta=0$ かまたは π であり，いずれの場合も $\sin\theta=0$ となるので，これらのベクトルの外積は零ベクトルとなる。またその逆も成立する。

定 理 2.2 零ベクトルではない二つのベクトル $\boldsymbol{u}$，$\boldsymbol{v}$ が平行であるための必要十分条件は

$$\boldsymbol{u}\times\boldsymbol{v}=\boldsymbol{0}$$

である。

さらに，ベクトルの外積について，つぎの諸性質が成立する。

（1） c をスカラーとすると

$$c(\boldsymbol{u}\times\boldsymbol{v})=(c\boldsymbol{u})\times\boldsymbol{v}=\boldsymbol{u}\times(c\boldsymbol{v})$$

（2） $\boldsymbol{u}\times(\boldsymbol{v}+\boldsymbol{w})=\boldsymbol{u}\times\boldsymbol{v}+\boldsymbol{u}\times\boldsymbol{w}$

（3） $\boldsymbol{u}\times\boldsymbol{v}=-\boldsymbol{v}\times\boldsymbol{u}$

同様に，基本ベクトル $\boldsymbol{i}$，$\boldsymbol{j}$，$\boldsymbol{k}$ について

（a）　$\boldsymbol{i}\times\boldsymbol{i}=\boldsymbol{j}\times\boldsymbol{j}=\boldsymbol{k}\times\boldsymbol{k}=\boldsymbol{0}$

（b）　$\boldsymbol{i}\times\boldsymbol{j}=\boldsymbol{k}$，$\boldsymbol{j}\times\boldsymbol{k}=\boldsymbol{i}$，$\boldsymbol{k}\times\boldsymbol{i}=\boldsymbol{j}$

（c）　$\boldsymbol{j}\times\boldsymbol{i}=-\boldsymbol{k}$，$\boldsymbol{k}\times\boldsymbol{j}=-\boldsymbol{i}$，$\boldsymbol{i}\times\boldsymbol{k}=-\boldsymbol{j}$

が成立する。

外積 $\boldsymbol{u}\times\boldsymbol{v}$ と外積 $\boldsymbol{v}\times\boldsymbol{u}$ とは普通等しくない。これは，ベクトル $\boldsymbol{u}$ からベクトル $\boldsymbol{v}$ への偏角を θ とすると，$\boldsymbol{v}$ から $\boldsymbol{u}$ への偏角は $-\theta$ であるから，$\sin(-\theta)=-\sin\theta$ であることを用いて，$\boldsymbol{u}\times\boldsymbol{v}=-\boldsymbol{v}\times\boldsymbol{u}$ となるからである。

問題 2.9　上記の（1），（2）および（a），（b），（c）が成立することを示せ。

問題 2.10　上記の（a），（b），（c）を用いて，二つのベクトル $\boldsymbol{u}=(u_x, u_y, u_z)=u_x\boldsymbol{i}+u_y\boldsymbol{j}+u_z\boldsymbol{k}$，$\boldsymbol{v}=(v_x, v_y, v_z)=v_x\boldsymbol{i}+v_y\boldsymbol{j}+v_z\boldsymbol{k}$ の外積を成分表示せよ。

問題 2.11　零ベクトルではない二つのベクトル $\boldsymbol{u}$，$\boldsymbol{v}$ が平行であるための必要十分条件は $\boldsymbol{u}\times\boldsymbol{v}=\boldsymbol{0}$ であるが，つぎのようにも表されることを示せ。

$$\frac{u_x}{v_x}=\frac{u_y}{v_y}=\frac{u_z}{v_z}$$

問題 2.12　外積 $\boldsymbol{u}\times\boldsymbol{v}$，$\boldsymbol{v}\times\boldsymbol{u}$ を求めよ。また，その大きさも求めよ。

（1）　$\boldsymbol{u}=\boldsymbol{i}+2\boldsymbol{j}$，$\boldsymbol{v}=\boldsymbol{i}-2\boldsymbol{j}$

（2）　$\boldsymbol{u}=2\boldsymbol{i}+3\boldsymbol{j}-\boldsymbol{k}$，$\boldsymbol{v}=\boldsymbol{i}+4\boldsymbol{j}-2\boldsymbol{k}$

（3）　$\boldsymbol{u}=-\boldsymbol{i}+\boldsymbol{j}+\boldsymbol{k}$，$\boldsymbol{v}=\boldsymbol{i}-\boldsymbol{j}-\boldsymbol{k}$

（4）　$\boldsymbol{u}=3\boldsymbol{i}-\boldsymbol{j}+2\boldsymbol{k}$，$\boldsymbol{v}=-2\boldsymbol{i}+3\boldsymbol{j}-4\boldsymbol{k}$

演　習　問　題

1.　$\boldsymbol{a}=(2, 3, -1)$，$\boldsymbol{b}=(-1, 1, 2)$，$\boldsymbol{c}=(3, 4, -5)$ が与えられているとき，つぎの計算をせよ。

（1）　$\boldsymbol{a}+\boldsymbol{b}+\boldsymbol{c}$　　（2）　$3\boldsymbol{a}+\boldsymbol{b}-2\boldsymbol{c}$

（3）　$2(3\boldsymbol{a}+\boldsymbol{b})-(\boldsymbol{b}-\boldsymbol{c})-3(\boldsymbol{a}-\boldsymbol{b}-2\boldsymbol{c})$

2.　$\boldsymbol{u}=2\boldsymbol{i}-\boldsymbol{j}+3\boldsymbol{k}$，$\boldsymbol{v}=\boldsymbol{i}-2\boldsymbol{k}$，$\boldsymbol{w}=-\boldsymbol{i}+\boldsymbol{j}+4\boldsymbol{k}$ が与えられているとき，つぎの計算をせよ。

（1）$\boldsymbol{u}+\boldsymbol{v}+\boldsymbol{w}$　（2）$\boldsymbol{u}+3\boldsymbol{v}-2\boldsymbol{w}$

（3）$3(\boldsymbol{u}-\boldsymbol{v})+(\boldsymbol{v}-\boldsymbol{w})+2(\boldsymbol{w}+\boldsymbol{u})$

3. $\boldsymbol{u}=3\boldsymbol{i}-2\boldsymbol{j}+\boldsymbol{k}$ と $\boldsymbol{v}=2\boldsymbol{i}+\boldsymbol{j}+3\boldsymbol{k}$ のなす角 θ を求めよ。

4. $\boldsymbol{u}=3\boldsymbol{i}+2\boldsymbol{j}+\boldsymbol{k}$, $\boldsymbol{v}=-\boldsymbol{i}+2\boldsymbol{j}$ について $(2\boldsymbol{u}-3\boldsymbol{v})\cdot(\boldsymbol{u}+2\boldsymbol{v})$ を計算せよ。

5. $\boldsymbol{u}=3\boldsymbol{i}+2\boldsymbol{j}$, $\boldsymbol{v}=\boldsymbol{i}-3\boldsymbol{j}+2\boldsymbol{k}$, $\boldsymbol{w}=\boldsymbol{i}+3\boldsymbol{j}-\boldsymbol{k}$ に対してつぎの計算をせよ。

（1）$\boldsymbol{u}\times\boldsymbol{w}$　（2）$\boldsymbol{v}\times\boldsymbol{w}$　（3）$(\boldsymbol{u}+\boldsymbol{v})\times\boldsymbol{w}$　（4）$\boldsymbol{u}\times(\boldsymbol{v}\times\boldsymbol{w})$

（5）$\boldsymbol{u}\cdot(\boldsymbol{v}\times\boldsymbol{w})$

6. $\boldsymbol{u}=2\boldsymbol{i}+3\boldsymbol{j}+\boldsymbol{k}$, $\boldsymbol{v}=\boldsymbol{i}+\boldsymbol{j}-\boldsymbol{k}$ の両方に垂直な単位ベクトルを求めよ。

3 行　列

具体例を示しながら線形代数の世界を概観できるように，準備的な内容については1章で触れたが，ここでは，正方行列，転置行列，対称行列，単位行列などのいろいろな行列について学んだ後で，行列の演算である行列の和，差，積をはじめ，逆行列，連立1次方程式の解法，消去法，階数についてなど，4章以降の基礎となるものを学ぶ。

3.1 行列の演算

つぎのような，一般の m 行 n 列の行列は

$$\begin{pmatrix} a_{11} & a_{12} & \cdots & a_{1n} \\ a_{21} & a_{22} & \cdots & a_{2n} \\ \vdots & & \ddots & \vdots \\ a_{m1} & a_{m2} & \cdots & a_{mn} \end{pmatrix}$$

あるいは

$$A=(a_{ij})_{m\times n}$$

と書き表す。a_{ij} を行列 A の要素といい，特に行と列を明記して i 行 j 列の要素という。二つの行列が同じ行数と列数を持ち，対応する要素がたがいに等しいとき，この二つの行列は**相等しい**といわれる。さらに，$m=n$ の場合には，その行列を**正方行列**（square matrix）であるという。また，行列 A の行と列とを入れ換えた行列を**転置行列**（transpose matrix）といい ${}^tA$ で表す。さら

に，${}^tA=A$ のとき，行列 A は**対称行列**（symmetric matrix）であるといわれる。

さらに，この要素 a_{ij} のうち，$i\neq j$ なる要素がすべて零であるとき，これを**対角行列**（diagonal matrix）と呼び，特に，主対角要素 a_{ii} が 1 であるとき，これを**単位行列**（identity matrix）という。n 行 n 列の単位行列は $E_{(n)}$ で表す。n が明らかな場合は，省略してもよい。単位行列 E は，$AE=EA=A$ なる性質を持っている。

【例 3.1】

$$E_{(2)}=\begin{pmatrix}1 & 0\\ 0 & 1\end{pmatrix}$$

$$E_{(3)}=\begin{pmatrix}1 & 0 & 0\\ 0 & 1 & 0\\ 0 & 0 & 1\end{pmatrix}$$

□

（1） 二つの行列 A，B の和と差

$$\begin{pmatrix}a_{11} & a_{12} & \cdots\cdots & a_{1n}\\ a_{21} & a_{22} & \cdots\cdots & a_{2n}\\ & \cdots\cdots\cdots & & \\ & \cdots\cdots\cdots & & \\ a_{m1} & a_{m2} & \cdots\cdots & a_{mn}\end{pmatrix}\pm\begin{pmatrix}b_{11} & b_{12} & \cdots\cdots & b_{1n}\\ b_{21} & b_{22} & \cdots\cdots & b_{2n}\\ & \cdots\cdots\cdots & & \\ & \cdots\cdots\cdots & & \\ b_{m1} & b_{m2} & \cdots\cdots & b_{mn}\end{pmatrix}$$

$$=\begin{pmatrix}a_{11}\pm b_{11} & a_{12}\pm b_{12} & \cdots\cdots & a_{1n}\pm b_{1n}\\ a_{21}\pm b_{21} & a_{22}\pm b_{22} & \cdots\cdots & a_{2n}\pm b_{2n}\\ & \cdots\cdots\cdots & & \\ & \cdots\cdots\cdots & & \\ a_{m1}\pm b_{m1} & a_{m2}\pm b_{m2} & \cdots\cdots & a_{mn}\pm b_{mn}\end{pmatrix}$$

すなわち

$$A=(a_{ij})_{m\times n},\quad B=(b_{ij})_{m\times n}$$

のように，二つの行列 A，B の行の数と列の数とがたがいに等しい行列について，和と差はつぎのように定義される。

$$A+B=(a_{ij}+b_{ij})_{m\times n}$$

$$A-B=(a_{ij}-b_{ij})_{m\times n}$$

（2）　任意のスカラー $\boldsymbol{k}$ と行列 $\boldsymbol{A}=(a_{ij})_{m\times n}$ との積

$$kA=(ka_{ij})_{m\times n}$$

（3）　二つの行列 $\boldsymbol{A}=(a_{ij})_{m\times n}$，$\boldsymbol{B}=(b_{jk})_{n\times l}$ の積

すなわち，A の列の数と B の行の数とが等しいときに，積がつぎのように定義される。

$$AB=\left(\sum_{j=1}^{n}a_{ij}b_{jk}\right)_{m\times l}$$

このようにして得られる積 AB の行列は m 行 l 列になる。

問題 3.1　つぎの演算をせよ。

$$A=\begin{pmatrix}2 & -1\\ 3 & 5\end{pmatrix},\quad B=\begin{pmatrix}6 & 3\\ 4 & -6\end{pmatrix},\quad C=\begin{pmatrix}2 & -4 & 3\\ 1 & 5 & -2\end{pmatrix},\quad D=\begin{pmatrix}1 & 0\\ -2 & 3\\ 0 & -1\end{pmatrix}$$

（1）　$3A-2B$　（2）　AB　（3）　BA　（4）　BC

（5）　CD　（6）　DB　（7）　${}^tA$　（8）　${}^tC$

（9）　${}^tA{}^tB$　（10）　${}^tB{}^tA$　（11）　${}^tC{}^tA$　（12）　${}^tD{}^tC$

問題 3.2　つぎの二つの行列の $A+B$，$A-B$，AB，BA，${}^tA{}^tB$，${}^tB{}^tA$ を求めよ。

$$A=\begin{pmatrix}-2 & 0 & 4\\ 5 & 3 & 1\\ 3 & -2 & 9\end{pmatrix}\qquad B=\begin{pmatrix}3 & 9 & -2\\ 0 & 2 & 7\\ -1 & 4 & 5\end{pmatrix}$$

行列の和，差，積に関する諸性質にはつぎのようなものがある。

（i）　$(A+B)+C=A+(B+C)$

（ii）　$A+B=B+A$

（iii）　O を零行列，すなわち，すべての要素が 0 の行列において

$$A+O=O+A=A$$

（iv）　$A+(-A)=(-A)+A=O$

（v）　k，k_1，k_2 がスカラーのとき

$$k(A+B)=kA+kB,\quad (k_1+k_2)A=k_1A+k_2A,$$

$$(k_1k_2)A=k_1(k_2A)$$

(vi)　$(AB)C=A(BC)$

(vii)　$A(B+C)=AB+AC$

(viii)　$(B+C)A=BA+CA$

(ix)　k がスカラーのとき

$$k(AB)=(kA)B=A(kB)$$

先の問題でも明らかなように，積 AB と積 BA とは同じにならない。すなわち，$AB \neq BA$ であることがわかる。一般に，行列の積の交換律 $AB=BA$ は成立しない。

3.2 逆　行　列

任意の正方行列 A に対して，$AB=BA=E$ となるような行列 B が存在するかどうか，また，もし存在したとすると行列 B はどのようなものであるかを考えてみる。

例えば

$$A=\begin{pmatrix} 2 & 5 \\ 1 & 3 \end{pmatrix}, \quad B=\begin{pmatrix} 3 & -5 \\ -1 & 2 \end{pmatrix}$$

において，$AB=BA=E$ が成立する。このようなとき，B を A の**逆行列**（inverse matrix）といい，A^{-1} で表す。もちろん，$A=B^{-1}$ でもある。このように，行列 A の逆行列 A^{-1} が存在するとき，行列 A を**正則行列**（regular matrix）であるという。

例えば，行列

$$A=\begin{pmatrix} 2 & 3 \\ 1 & 2 \end{pmatrix}$$

と，どのような行列 B との積を求めたならば単位行列が得られるかを考えてみよう。

まず，求める行列を

$$B=\begin{pmatrix} b_{11} & b_{12} \\ b_{21} & b_{22} \end{pmatrix}$$

とすると

$$AB=\begin{pmatrix} 2 & 3 \\ 1 & 2 \end{pmatrix}\begin{pmatrix} b_{11} & b_{12} \\ b_{21} & b_{22} \end{pmatrix}=\begin{pmatrix} 2b_{11}+3b_{21} & 2b_{12}+3b_{22} \\ b_{11}+2b_{21} & b_{12}+2b_{22} \end{pmatrix}=\begin{pmatrix} 1 & 0 \\ 0 & 1 \end{pmatrix}$$

となるはずであるから，これより，つぎの二つの連立方程式が得られる。

$$①\begin{cases} 2b_{11}+3b_{21}=1 \\ b_{11}+2b_{21}=0 \end{cases} \qquad ②\begin{cases} 2b_{12}+3b_{22}=0 \\ b_{12}+2b_{22}=1 \end{cases}$$

すなわち，① は b_{11} と b_{21} とを未知数とする連立 1 次方程式であり，② は b_{12} と b_{22} とを未知数とする連立 1 次方程式である。①，② をそれぞれ解いて

$$①\begin{cases} b_{11}=2 \\ b_{21}=-1 \end{cases} \qquad ②\begin{cases} b_{12}=-3 \\ b_{22}=2 \end{cases}$$

を得る。したがって求める逆行列は

$$A^{-1}=\begin{pmatrix} 2 & -3 \\ -1 & 2 \end{pmatrix}$$

である。

ところで，ここで，この二つの連立 1 次方程式の解を求める計算過程をよく考えると，これら二組の連立 1 次方程式は同じ係数をもっているわけだから，係数のみに注目してまったく同じ計算をして得られた結果であると考えられる。この係数のみに注目し消去法を行う方法を**ガウス・ジョルダンの消去法**（Gauss-Jordan Method）といい，一般の n 次の正方行列の逆行列を求めるのによく使われる方法であり，また，連立 1 次方程式を解くのにも非常に有効である。

各ステップでの演算方法は，言葉ではなく記号を使いながらアルゴリズムを意識し，つぎのように行う。なお，R_1 は 1 行目を，R_2 は 2 行目を表す（R は英語の「行」を意味する「row」の頭文字を用いている）。

$$\left(\begin{array}{cc|cc} 2 & 3 & 1 & 0 \\ 1 & 2 & 0 & 1 \end{array}\right) R_1 \div 2 \longrightarrow R_1 \left(\begin{array}{cc|cc} 1 & \frac{3}{2} & \frac{1}{2} & 0 \\ 1 & 2 & 0 & 1 \end{array}\right)$$

$$R_2 + (-1) R_1 \longrightarrow R_2 \left(\begin{array}{cc|cc} 1 & \frac{3}{2} & \frac{1}{2} & 0 \\ 0 & \frac{1}{2} & -\frac{1}{2} & 1 \end{array}\right)$$

$$R_2 \times 2 \longrightarrow R_2 \left(\begin{array}{cc|cc} 1 & \frac{3}{2} & \frac{1}{2} & 0 \\ 0 & 1 & -1 & 2 \end{array}\right)$$

$$R_1 + R_2 \times \left(-\frac{3}{2}\right) \longrightarrow R_1 \left(\begin{array}{cc|cc} 1 & 0 & 2 & -3 \\ 0 & 1 & -1 & 2 \end{array}\right)$$

よって

$$A^{-1} = \begin{pmatrix} 2 & -3 \\ -1 & 2 \end{pmatrix}$$

である。

以上をまとめると，まず正方行列 A と単位行列 E を用いて

$$(A \mid E)$$

という係数行列をつくり，上に述べたような行に関する演算でこれを

$$(E \mid B)$$

の形にすることを試みる。これが成功すれば，A は逆行列をもち，$B = A^{-1}$ である。もし，どうしてもこのような形にならなければ，行列 A は正則ではない。すなわち逆行列を持たないといえる。

問題 3.3　つぎの行列 A の逆行列 A^{-1} を求めよ。

（1）　$A = \begin{pmatrix} 2 & 1 \\ 3 & -5 \end{pmatrix}$

（2）　$A = \begin{pmatrix} 1 & 2 & 0 \\ 0 & 1 & -1 \\ -2 & 0 & 0 \end{pmatrix}$

問題 3.4　つぎの行列 A の逆行列 A^{-1} を求めよ。

（1）

$$A=\begin{pmatrix} -2 & 3 & 1 \\ 1 & 0 & 4 \\ 5 & 6 & -3 \end{pmatrix}$$

（2）

$$A=\begin{pmatrix} 4 & -1 & 0 \\ 2 & 1 & -3 \\ 0 & 3 & -2 \end{pmatrix}$$

3.3　連立1次方程式

x_1, x_2, $\cdots$, x_n を未知数とする n 元連立1次方程式

$$\begin{cases} a_{11}x_1+a_{12}x_2+\cdots+a_{1n}x_n=b_1 \\ a_{21}x_1+a_{22}x_2+\cdots+a_{2n}x_n=b_2 \\ \vdots \\ a_{n1}x_1+a_{n2}x_2+\cdots+a_{nn}x_n=b_n \end{cases}$$

を考える。

これを行列

$$A=\begin{pmatrix} a_{11} & a_{12} & \cdots\cdots & a_{1n} \\ a_{21} & a_{22} & \cdots\cdots & a_{2n} \\ \vdots & & \ddots & \vdots \\ a_{n1} & a_{n2} & \cdots\cdots & a_{nn} \end{pmatrix}$$

および，列ベクトル

$$X=\begin{pmatrix} x_1 \\ x_2 \\ \vdots \\ x_n \end{pmatrix}, \qquad B=\begin{pmatrix} b_1 \\ b_2 \\ \vdots \\ b_n \end{pmatrix}$$

を用いて

$$AX=B$$

と表すことができるが，これを**行列方程式**と呼ぶ。これを解くということは，ベクトル X を求めることにほかならない。ところで，A が正則の場合，すなわち逆行列が存在する場合には，逆行列 A^{-1} を上式の両辺に左から掛けると

$$A^{-1}AX=A^{-1}B$$

となる。ここで $A^{-1}A=E$ であるから，左辺は $EX=X$ となり

$$X=A^{-1}B$$

によって得られる。このことから，行列 A の逆行列 A^{-1} を求めればよいことになる。もちろん，A が正則でない場合にはこの方法を使うわけにはいかない。このことについては後で詳しく説明する。

【例 3.2】　連立1次方程式

$$\begin{cases} 2x_1+3x_2=8 \\ x_1+2x_2=5 \end{cases}$$

を逆行列を用いて解いてみる。

まず，行列方程式

$$\begin{pmatrix} 2 & 3 \\ 1 & 2 \end{pmatrix}\begin{pmatrix} x_1 \\ x_2 \end{pmatrix}=\begin{pmatrix} 8 \\ 5 \end{pmatrix}$$

を考えて，ここで前の例より

$$A=\begin{pmatrix} 2 & 3 \\ 1 & 2 \end{pmatrix}$$

の逆行列は

$$A^{-1}=\begin{pmatrix} 2 & -3 \\ -1 & 2 \end{pmatrix}$$

であるから，求める解は

$$\begin{pmatrix} x_1 \\ x_2 \end{pmatrix} = A^{-1}B = \begin{pmatrix} 2 & -3 \\ -1 & 2 \end{pmatrix} \begin{pmatrix} 8 \\ 5 \end{pmatrix} = \begin{pmatrix} 1 \\ 2 \end{pmatrix}$$

よって，$x_1=1$，$x_2=2$ を得る。 □

【例 3.3】 連立 1 次方程式

$$\begin{cases} 2x_1+3x_2=8 \\ x_1+2x_2=5 \end{cases}$$

を逆行列を用いずに解く方法の一つとして，前述したガウス・ジョルダン法がある。与えられた方程式の係数のみに注目して，**拡大行列**（augmented matrix）と呼ばれる

$$\left(\begin{array}{cc|c} 2 & 3 & 8 \\ 1 & 2 & 5 \end{array}\right)$$

から

$$\left(\begin{array}{cc|c} 2 & 3 & 8 \\ 1 & 2 & 5 \end{array}\right) \quad R_1 \div 2 \longrightarrow R_1 \quad \left(\begin{array}{cc|c} 1 & \frac{3}{2} & 4 \\ 1 & 2 & 5 \end{array}\right)$$

$$R_2+(-1)R_1 \longrightarrow R_2 \quad \left(\begin{array}{cc|c} 1 & \frac{3}{2} & 4 \\ 0 & \frac{1}{2} & 1 \end{array}\right)$$

$$R_2 \times 2 \longrightarrow R_2 \quad \left(\begin{array}{cc|c} 1 & \frac{3}{2} & 4 \\ 0 & 1 & 2 \end{array}\right) \quad R_1+\left(-\frac{3}{2}\right)R_2 \longrightarrow R_1 \quad \left(\begin{array}{cc|c} 1 & 0 & 1 \\ 0 & 1 & 2 \end{array}\right)$$

を得るまで行う。

この計算過程は，例とまったく同じであることに気が付くであろう。さらに，最後の拡大行列は

$$\begin{cases} x_1+0x_2=1 \\ 0x_1+x_2=2 \end{cases}$$

と同じことであるから

$$\begin{cases} x_1=1 \\ x_2=2 \end{cases}$$

を得る。 □

例3.3でも示したように，連立1次方程式をガウス・ジョルダン法で解く場合には，まったく逆行列の存在には触れていないことがわかる。であるから，係数の行列が逆行列を持たなくても，この方法でもって解が無限に存在する場合（**不定**）や，解が存在しない場合（**不能**）の判断を行うことも可能である。

初めの拡大行列からガウス・ジョルダン法で，できるだけ対角要素が1に，そして他の要素を0にもっていくように計算していく途中で，もし，一つの行でも

$$\left(\begin{array}{cccc|c} & & & \vdots & \vdots \\ 0 & 0 & \cdots & 0 & b \\ & & & \vdots & \vdots \end{array}\right), \quad b\neq 0$$

となった場合は，この連立1次方程式の解は不能と判断することができる。また，前述のような状況が起こらずに，定数項bも含めてある行がすべて0の場合は不定と判断することができる。

【例3.4】

（a） 連立1次方程式

$$\begin{cases} x_1-2x_2=1 \\ 2x_1-4x_2=3 \end{cases}$$

をガウス・ジョルダン法で解くと

$$\left(\begin{array}{cc|c} 1 & -2 & 1 \\ 2 & -4 & 3 \end{array}\right) \quad R_1\times(-2)+R_2 \longrightarrow R_2 \quad \left(\begin{array}{cc|c} 1 & -2 & 1 \\ 0 & 0 & 1 \end{array}\right)$$

これは

$$\begin{cases} x_1-2x_2=1 \\ 0x_1+0x_2=1 \end{cases}$$

ということであるから，二つ目の方程式はどのような x_1，x_2 についても成り立たないので不能である。

（b） 連立1次方程式

$$\begin{cases} x_1-2x_2=1 \\ 2x_1-4x_2=2 \end{cases}$$

をガウス・ジョルダン法で解くと

$$\left(\begin{array}{cc|c} 1 & -2 & 1 \\ 2 & -4 & 2 \end{array}\right) \quad R_1\times(-2)+R_2 \longrightarrow R_2 \left(\begin{array}{cc|c} 1 & -2 & 1 \\ 0 & 0 & 0 \end{array}\right)$$

これは

$$\begin{cases} x_1-2x_2=1 \\ 0x_1+0x_2=0 \end{cases}$$

ということで，二つ目の方程式はどのような x_1，x_2 でも成立する。よって不定である。このとき，その不定解は，例えば，$x_1=r$ とおくと，r を媒介変数として，$x_2=\dfrac{1}{2}(r-1)$ を得る。 □

問題 3.5 つぎの連立1次方程式をガウス・ジョルダン法を用いて解け。

（1） $\begin{cases} 3x_1+2x_2=5 \\ 4x_1-\ \ x_2=6 \end{cases}$

（2） $\begin{cases} 2x_1+6x_2=8 \\ x_1+3x_2=4 \end{cases}$

（3） $\begin{cases} x_1-2x_2=-1 \\ 4x_1-5x_2=2 \end{cases}$

（4） $\begin{cases} -2x_1+\ \ 4x_2=7 \\ 5x_1-10x_2=3 \end{cases}$

問題 3.6 つぎの連立1次方程式をガウス・ジョルダン法を用いて解け。

$$\begin{cases} x_1+2x_2+4x_3=3 \\ -3x_1+3x_2+5x_3=-4 \\ 5x_1+4x_2-2x_3=6 \end{cases}$$

例3.3において，連立1次方程式

$$\begin{cases} 2x_1+3x_2=8 \\ x_1+2x_2=5 \end{cases}$$

を解く異なる方法の一つとして，ガウスの消去法および**後ろからの代入法**（backward substitution）がある。

まず，先と同じように与えられた方程式の係数のみに注目して，拡大行列

$$\left(\begin{array}{cc|c} 2 & 3 & 8 \\ 1 & 2 & 5 \end{array}\right)$$

から，上三角行列になるまで掃き出しを行うと

$$\left(\begin{array}{cc|c} 2 & 3 & 8 \\ 1 & 2 & 5 \end{array}\right) \quad R_1 \div 2 \longrightarrow R_1 \quad \left(\begin{array}{cc|c} 1 & \frac{3}{2} & 4 \\ 1 & 2 & 5 \end{array}\right)$$

$$R_2+(-1)R_1 \longrightarrow R_2 \quad \left(\begin{array}{cc|c} 1 & \frac{3}{2} & 4 \\ 0 & \frac{1}{2} & 1 \end{array}\right)$$

$$R_2 \times 2 \longrightarrow R_2 \quad \left(\begin{array}{cc|c} 1 & \frac{3}{2} & 4 \\ 0 & 1 & 2 \end{array}\right)$$

を得る。これをガウスの消去法といい，これは

$$\begin{cases} x_1+\dfrac{3}{2}x_2=4 & \cdots\cdots\cdots\cdots ① \\ \qquad\quad x_2=2 & \cdots\cdots\cdots\cdots ② \end{cases}$$

を表しているから，② より $x_2=2$，これを ① に代入して，$x_1+3=4$ となることから，$x_1=1$ を得ることができる。これを，後ろからの代入法という。

問題 3.7 つぎの連立1次方程式をガウスの消去法および後ろからの代入法を用いて解け。

（1）
$$\begin{cases} -x_1+7x_2+11x_3=5 \\ 3x_1-2x_2+x_3=-3 \\ 2x_1+5x_2-2x_3=4 \end{cases}$$

（2）
$$\begin{cases} 4x_1+x_2-2x_3=5 \\ -2x_1+3x_2+x_3=4 \\ x_1-4x_2-2x_3=-7 \end{cases}$$

3.4 階　　　　数

行列に対して，つぎの操作を行（あるいは列）に関する**基本変形**という。
（1）　任意の行（列）に 0 でない数 k を掛ける。
（2）　行（列）を入れ替える。
（3）　ある行（列）に，別なある行（列）の k 倍したものを加える。

　行についてのこれらの操作を第 1 列目から掃き出しを行い，必要があれば，列を入れ替える基本変形を行うことによって，m 行 n 列の行列 A をつぎのような簡単な形に変形することができる。

$$A' = \begin{pmatrix} \alpha_1 & & * & & * & \\ & \ddots & & & & \\ O & & \alpha_r & & & \\ \hline 0 & \cdots & 0 & 0 & \cdots & 0 \\ \vdots & \ddots & \vdots & \vdots & \ddots & \vdots \\ 0 & \cdots & 0 & 0 & \cdots & 0 \end{pmatrix} \quad \alpha_1 \neq 0, \cdots, \alpha_r \neq 0$$

さらに，列についての（3）の基本変形を第 1 行目から施すことにより

$$A'' = \left. \begin{pmatrix} 1 & & O & & O & \\ & \ddots & & & & \\ O & & 1 & & & \\ \hline 0 & \cdots & 0 & 0 & \cdots & 0 \\ \vdots & \ddots & \vdots & \vdots & \ddots & \vdots \\ 0 & \cdots & 0 & 0 & \cdots & 0 \end{pmatrix} \right\} \begin{matrix} r \\ \\ m-r \end{matrix} = \begin{pmatrix} E_r & O \\ O & O \end{pmatrix}$$

$$\underbrace{}_{r} \underbrace{}_{n-r}$$

のように変形することができる。このとき，r を行列の階数といい，rank A で表す。

【例 3.5】　つぎの行列

$$\begin{pmatrix} 1 & 2 & 4 & 3 \\ -3 & 3 & 5 & -4 \\ -2 & 5 & 7 & 2 \\ 2 & 4 & 10 & 3 \end{pmatrix}$$

の階数は，基本変形を施して

$$\begin{pmatrix} 1 & 2 & 4 & 3 \\ -3 & 3 & 5 & -4 \\ -2 & 5 & 7 & 2 \\ 2 & 4 & 10 & 3 \end{pmatrix} \quad R_1 \times 3 + R_2 \longrightarrow R_2, \quad R_1 \times 2 + R_3 \longrightarrow R_3,$$

$$R_1 \times (-2) + R_4 \longrightarrow R_4 \quad \begin{pmatrix} 1 & 2 & 4 & 3 \\ 0 & 9 & 17 & 5 \\ 0 & 9 & 15 & 8 \\ 0 & 0 & 2 & -3 \end{pmatrix} \quad R_2 \times (-1) + R_3 \longrightarrow R_3,$$

$$\begin{pmatrix} 1 & 2 & 4 & 3 \\ 0 & 9 & 17 & 5 \\ 0 & 0 & -2 & 3 \\ 0 & 0 & 2 & -3 \end{pmatrix} \quad R_3 + R_4 \longrightarrow R_4 \quad \begin{pmatrix} 1 & 2 & 4 & 3 \\ 0 & 9 & 17 & 5 \\ 0 & 0 & -2 & 3 \\ 0 & 0 & 0 & 0 \end{pmatrix}$$

以上より，$\mathrm{rank}\,A=3$ であることがわかる。 □

例題では，行にのみに基本変形を行ったが，このように，行列 A の階数を求めるには，行に関する基本変形を用いて階段行列に変形するだけで十分である。さらに，列についての基本変形を繰り返し行うことによって，求める A'' が得られることは理解できるであろう。また，基本変形を行う順序にかかわらず，階数は一定である。なお，列についての変形の際には，英語で「列」を意味する「column」の頭文字を用いて C_1，C_2，…などとするとよい。

問題 3.8　例 3.5 の最後の行列に対して，列についての基本変形を施して，A'' を求めよ。また，例 3.5 の行列に対して，列についての基本変形を施して，階段行列に変形せよ。

問題 3.9 つぎの行列の階数を求めよ。

(1) $\begin{pmatrix} 1 & 2 & 3 \\ 4 & 5 & 6 \\ 7 & 8 & 9 \end{pmatrix}$ (2) $\begin{pmatrix} 4 & 1 & -2 & 5 \\ 2 & 3 & 3 & 4 \\ 0 & 5 & 8 & 3 \\ 6 & 2 & 2 & 7 \end{pmatrix}$

$x_1, x_2, \cdots, x_n$ を未知数とする n 元連立 1 次方程式

$$\begin{cases} a_{11}x_1 + a_{12}x_2 + \cdots + a_{1n}x_n = 0 \\ a_{21}x_1 + a_{22}x_2 + \cdots + a_{2n}x_n = 0 \\ \vdots \\ a_{n1}x_1 + a_{n2}x_2 + \cdots + a_{nn}x_n = 0 \end{cases}$$

は，**同次連立 1 次方程式**と呼ばれるが，この方程式は，必ず

$$x_1 = 0, \ x_2 = 0, \ \cdots, \ x_n = 0$$

を解として持ち，これは自明解と呼ばれ，その他の解は非自明解と呼ばれる。

この方程式の拡大行列

$$(A \mid \boldsymbol{0}) = \left(\begin{array}{cccc|c} a_{11} & a_{12} & \cdots\cdots & a_{1n} & 0 \\ a_{21} & a_{22} & \cdots\cdots & a_{2n} & 0 \\ \vdots & \vdots & \ddots & \vdots & \vdots \\ a_{n1} & a_{n2} & \cdots\cdots & a_{nn} & 0 \end{array}\right)$$

において，rank $A = r < n$ のとき，拡大行列は行基本変形と列の入れ替えによって

$$\left(\begin{array}{ccc|ccc} a_1 & & * & & * & \\ & \ddots & & & & \\ O & & a_r & & & \\ \hline 0 & \cdots & 0 & 0 & \cdots & 0 \\ \vdots & \ddots & \vdots & \vdots & \ddots & \vdots \\ 0 & \cdots & 0 & 0 & \cdots & 0 \end{array}\right) \begin{matrix} \left.\vphantom{\begin{matrix}a\\a\\a\end{matrix}}\right\}r \\ \left.\vphantom{\begin{matrix}a\\a\\a\end{matrix}}\right\}n-r \end{matrix} \quad a_1 \neq 0, \ \cdots, \ a_r \neq 0$$

$$\underbrace{}_{r} \underbrace{}_{n-r+1}$$

と変形できる。

定理 **3.1** 同次連立1次方程式が非自明解を持つための必要十分条件は，$\mathrm{rank}\,A<n$ である。

演 習 問 題

1. $A=\begin{pmatrix}4&6&2\\1&8&7\\5&3&9\end{pmatrix}$ について，$A+{}^tA$，$A-{}^tA$ を求めよ。

2. $I=\begin{pmatrix}0&1\\-1&0\end{pmatrix}$，$J=\begin{pmatrix}0&i\\i&0\end{pmatrix}$，$K=\begin{pmatrix}i&0\\0&-i\end{pmatrix}$，（ただし，$i^2=-1$）について，つぎの式が成り立つことを確かめよ。

（1） $I^2=J^2=K^2=-E_{(2)}$

（2） $JK=-KJ=I$，$KI=-IK=J$，$IJ=-JI=K$

3. つぎの計算をせよ。

（1） $\begin{pmatrix}3&1\\-1&2\\0&3\end{pmatrix}+\begin{pmatrix}-2&1\\1&4\\2&0\end{pmatrix}$　（2） $3\begin{pmatrix}1&1&0\\4&-2&2\end{pmatrix}-2\begin{pmatrix}0&3&2\\3&1&-1\end{pmatrix}$

（3） $\begin{pmatrix}1&0\\2&-1\end{pmatrix}\begin{pmatrix}3&2&1\\-1&4&0\end{pmatrix}$　（4） $\begin{pmatrix}1&3\\2&4\end{pmatrix}\begin{pmatrix}0&1\\1&0\end{pmatrix}-\begin{pmatrix}0&1\\1&0\end{pmatrix}\begin{pmatrix}1&3\\2&4\end{pmatrix}$

（5） $3\begin{pmatrix}1&-2\\0&4\\5&3\end{pmatrix}\begin{pmatrix}-2\\1\end{pmatrix}+2\begin{pmatrix}3&1\\5&0\\2&7\end{pmatrix}\begin{pmatrix}-2\\1\end{pmatrix}$　（6） $\begin{pmatrix}-1&2&7\end{pmatrix}\begin{pmatrix}1&4\\3&-1\\5&2\end{pmatrix}$

（7） $\begin{pmatrix}2&6\\1&3\end{pmatrix}\begin{pmatrix}2&-4\\3&6\end{pmatrix}$　（8） $\begin{pmatrix}2&-4\\-3&6\end{pmatrix}\begin{pmatrix}2&6\\1&3\end{pmatrix}$

（9） $\begin{pmatrix}1\\2\\3\end{pmatrix}\begin{pmatrix}3&2&1\end{pmatrix}$　（10） $\begin{pmatrix}4&2\\1&3\\1&5\end{pmatrix}\begin{pmatrix}3&4&1\\1&3&2\end{pmatrix}$

4. ガウス・ジョルダン法を用いて，つぎの行列の逆行列を求めよ。

（1） $\begin{pmatrix} 1 & -1 & 2 \\ 2 & -1 & 7 \\ 1 & -1 & 3 \end{pmatrix}$　（2） $\begin{pmatrix} 4 & 2 & -3 \\ 1 & -2 & 4 \\ 5 & 1 & -1 \end{pmatrix}$　（3） $\begin{pmatrix} 1 & 2 & 3 & 1 \\ 1 & 3 & 3 & 2 \\ 2 & 4 & 3 & 3 \\ 1 & 1 & 1 & 1 \end{pmatrix}$

5. つぎの連立1次方程式をガウス・ジョルダン法を用いて解け。

（1） $\begin{cases} x_1 - x_2 - 2x_3 = -2 \\ 3x_1 - x_2 + x_3 = 6 \\ -x_1 + 3x_2 + 4x_3 = 4 \end{cases}$

（2） $\begin{cases} x_1 - 2x_2 + 2x_3 - 3x_4 = -3 \\ 2x_1 - 4x_2 + x_3 = 0 \\ 4x_1 - 8x_2 + 3x_3 - 2x_4 = -2 \\ 3x_1 - 6x_2 + x_3 + x_4 = 1 \end{cases}$

（3） $\begin{cases} x_1 + 2x_2 + 2x_3 = 3 \\ 2x_1 + 3x_2 + 2x_3 = 1 \\ 5x_1 + 3x_2 + 3x_3 = -6 \end{cases}$

（4） $\begin{cases} x_1 - 2x_2 - 3x_3 = -7 \\ -2x_1 + 3x_2 - x_3 = 1 \\ -3x_1 + 4x_2 - 5x_3 = -2 \end{cases}$

6. つぎの行列の階数を求めよ。

（1） $\begin{pmatrix} 1 & -1 & 2 & 4 \\ -3 & 0 & 5 & 1 \\ 2 & 1 & 1 & -1 \end{pmatrix}$　（2） $\begin{pmatrix} 1 & 2 & 3 & 2 \\ 1 & 3 & 4 & 5 \\ 2 & 3 & 5 & 1 \end{pmatrix}$　（3） $\begin{pmatrix} 2 & 5 & 1 & 2 \\ 1 & 4 & 5 & -1 \\ 1 & 5 & 8 & -2 \end{pmatrix}$

（4） $\begin{pmatrix} 1 & 4 & 4 \\ 3 & 1 & 3 \\ 4 & 5 & 7 \\ 6 & 2 & 6 \end{pmatrix}$　（5） $\begin{pmatrix} 1 & 2 & 0 & 1 \\ 2 & 7 & -2 & 5 \\ 3 & 7 & -1 & 5 \\ 1 & 3 & -1 & 3 \end{pmatrix}$

コ ラ ム

確率行列（Probability Matrix）**とマルコフ過程**（Markov Process）

$p_{ij} \geqq 0$ で，$\sum_{j=1}^{n} p_{ij} = 1$ なる行列 $P = (p_{ij})$ を**確率行列**という。いま，ある試行における標本空間を $\{E_1, E_2, \cdots, E_n\}$ とし，E_i が起こった後に E_j が起きる条件付き確率を $P_{E_i}(E_j) = p_{ij}$ と表すと

$$P = \begin{pmatrix} p_{11} & p_{12} & \cdots & p_{1n} \\ p_{21} & p_{22} & \cdots & p_{2n} \\ \vdots & \vdots & \ddots & \vdots \\ p_{n1} & p_{n2} & \cdots & p_{nn} \end{pmatrix}$$

を推移確率行列という。ある試行を繰り返す場合，何回目かにある事象の起こる確率がその直前の結果によって決定される場合がある。このようにして，事象がつぎつぎ起こっていく過程を**マルコフ過程**という。

あるデパートの調査によると，客Aがある月にクレジットカードで買い物をした場合に，その翌月にクレジットカードで買い物をする場合としない場合とが，つぎのような推移確率行列で表されるという。

$$A = \begin{pmatrix} 0.6 & 0.4 \\ 0.8 & 0.2 \end{pmatrix}$$

a：「カードで買い物をする」，b：「カードで買い物をしない」とすると，現在の買い物をする確率と，しない確率がわかれば，将来である k 月目の確率ベクトルを P^k とすると

$$\begin{aligned} P^{k+1} &= (P^{k+1}(a),\ P^{k+1}(b)) \\ &= (P^k(a),\ P^k(b)) \begin{pmatrix} 0.6 & 0.4 \\ 0.8 & 0.2 \end{pmatrix} \\ &= P^k \begin{pmatrix} 0.6 & 0.4 \\ 0.8 & 0.2 \end{pmatrix} \end{aligned}$$

これにより，$P^{k+1} = P^k A = P^{k-1} A^2 = \cdots = P^0 A^{k+1}$ となるので，A^k を求めればよいが，ここでは，P^k に関する差分方程式より

$$\begin{aligned} P^{k+1}(a) &= P^k(a)0.6 + P^k(b)0.8 = P^k(a)0.6 + (1 - P^k(a))0.8 \\ &= 0.8 - 0.2P^k(a) \\ &= (-0.2)^{k+1} P^0(a) + \frac{0.8\{1 - (-0.2)^{k+1}\}}{1 - (-0.2)} \\ &= (-0.2)^{k+1} P^0(a) + \frac{2}{3}\{1 - (-0.2)^{k+1}\} \end{aligned}$$

さらに，$k \to \infty$ のとき，$P^k \to \left(\frac{2}{3}, \frac{1}{3} \right)$ となる。これを**固定確率ベクトル**，または，**極限状態における確率ベクトル**という。

求める固定確率ベクトルを $P=(x,\ y)$ とすると

$$PA=(x,\ y)\begin{pmatrix} 0.6 & 0.4 \\ 0.8 & 0.2 \end{pmatrix}=P$$

を満足するから，連立１次方程式

$$\begin{cases} 0.6x+0.8y=x \\ 0.4x+0.2y=y \end{cases}$$

を条件 $x+y=1$ であることを用いて解けば求めることができる。

4 行　列　式

置換を利用した行列式の定義のほか，その性質，行列式の値を求めるための余因子による展開，余因子行列を利用した逆行列の求め方，連立1次方程式をクラーメルの公式を用いて解く方法を学ぶ。さらに，2次および3次の行列式の図形的な意味も学ぶ。

4.1　行列式の定義

自然数の集合 $\boldsymbol{N}$ において，$M=\{1, 2, \cdots, n\}$ から M に1対1に対応させる写像 ϕ を**置換**（permutation）といい，例えば，$M_1=\{1, 2, 3, 4\}$ 上での置換として

$$
\begin{aligned}
\phi:\ & 1 \longrightarrow 2 \\
& 2 \longrightarrow 4 \\
& 3 \longrightarrow 1 \\
& 4 \longrightarrow 3
\end{aligned}
$$

であるとき

$$\phi=\begin{pmatrix} 1 & 2 & 3 & 4 \\ 2 & 4 & 1 & 3 \end{pmatrix}$$

のように表す。

一般に，M から M への置換 ϕ があるとき

$$\phi=\begin{pmatrix} 1 & 2 & \cdots & n \\ \phi(1) & \phi(2) & \cdots & \phi(n) \end{pmatrix}$$

で表す。また，二つの置換 ϕ，ψ があるとき，その合成写像としての合成置換 $\psi\circ\phi$ を二つの置換 ϕ，ψ の積ともいい，$\psi\phi$ で表し

$$\psi\phi=\begin{pmatrix} 1 & 2 & \cdots & n \\ \psi(\phi(1)) & \psi(\phi(2)) & \cdots & \psi(\phi(n)) \end{pmatrix}$$

で求められる。

【例 4.1】

二つの置換が $\phi=\begin{pmatrix} 1 & 2 & 3 \\ 2 & 3 & 1 \end{pmatrix}$，$\psi=\begin{pmatrix} 1 & 2 & 3 \\ 3 & 2 & 1 \end{pmatrix}$ のとき，積 $\psi\phi$ と積 $\phi\psi$ はそれぞれ

$$\psi\phi=\begin{pmatrix} 1 & 2 & 3 \\ 2 & 1 & 3 \end{pmatrix},\ \phi\psi=\begin{pmatrix} 1 & 2 & 3 \\ 1 & 3 & 2 \end{pmatrix}$$

となる。 □

特に

$$\begin{pmatrix} 1 & 2 & \cdots & n \\ 1 & 2 & \cdots & n \end{pmatrix}$$

を恒等置換といい，1_M で表す。また

$$\phi=\begin{pmatrix} 1 & 2 & \cdots & n \\ \phi(1) & \phi(2) & \cdots & \phi(n) \end{pmatrix}$$

のとき

$$\begin{pmatrix} \phi(1) & \phi(2) & \cdots & \phi(n) \\ 1 & 2 & \cdots & n \end{pmatrix}$$

を逆置換といい，ϕ^{-1} で表す。

問題 4.1　つぎの置換の積 $\psi\phi$ および $\phi\psi$ を求めよ。また，逆置換 ϕ^{-1} も求めよ。

（1）　$\phi=\begin{pmatrix} 1 & 2 & 3 \\ 3 & 1 & 2 \end{pmatrix}$，　　$\psi=\begin{pmatrix} 1 & 2 & 3 \\ 1 & 3 & 2 \end{pmatrix}$

（2）　$\phi=\begin{pmatrix} 1 & 2 & 3 & 4 \\ 4 & 1 & 2 & 3 \end{pmatrix}$，　　$\psi=\begin{pmatrix} 1 & 2 & 3 & 4 \\ 1 & 3 & 4 & 2 \end{pmatrix}$

置換のうち，i，j の二つ以外は自身に対応する場合，すなわち

$$\begin{pmatrix} 1 & \cdots & i-1 & i & i+1 & \cdots & j-1 & j & j+1 & \cdots & n \\ 1 & \cdots & i-1 & j & i+1 & \cdots & j-1 & i & j+1 & \cdots & n \end{pmatrix}$$

のとき，これを**互換** (transposition) といい，$(i \quad j)$ で表す。

任意の置換はいくつかの互換の積として表すことができ，その表し方は一定ではないが，互換の個数が偶数個か奇数個かであるかはその置換によって一定である。置換 ϕ が偶数個の互換の積で表せるとき，その置換は偶置換であるといい，奇数個の互換の積で表すことができるとき，その置換を奇置換であるという。

【例 4.2】

置換 $\phi=\begin{pmatrix} 1 & 2 & 3 & 4 \\ 2 & 4 & 1 & 3 \end{pmatrix}$ は

$$\begin{pmatrix} 1 & 2 & 3 & 4 \\ 2 & 4 & 1 & 3 \end{pmatrix}=\begin{pmatrix} 1 & 2 & 3 & 4 \\ 1 & 2 & 4 & 3 \end{pmatrix}\begin{pmatrix} 1 & 2 & 3 & 4 \\ 2 & 3 & 1 & 4 \end{pmatrix}=(3 \quad 4)\begin{pmatrix} 1 & 2 & 3 & 4 \\ 2 & 3 & 1 & 4 \end{pmatrix}$$

$$=(3 \quad 4)(1 \quad 3)\begin{pmatrix} 1 & 2 & 3 & 4 \\ 2 & 1 & 3 & 4 \end{pmatrix}=(3 \quad 4)(1 \quad 3)(1 \quad 2)$$

となる。これにより，ϕ は奇置換である。　□

問題 4.2　つぎの置換を互換の積で表し，偶置換か奇置換かを述べよ。

（1）$\begin{pmatrix} 1 & 2 & 3 \\ 3 & 1 & 2 \end{pmatrix}$　　（2）$\begin{pmatrix} 1 & 2 & 3 \\ 2 & 3 & 1 \end{pmatrix}$

（3）$\begin{pmatrix} 1 & 2 & 3 & 4 \\ 4 & 1 & 2 & 3 \end{pmatrix}$　　（4）$\begin{pmatrix} 1 & 2 & 3 & 4 \\ 3 & 4 & 1 & 2 \end{pmatrix}$

偶置換か奇置換であるかによって，ϕ の符号をつぎのように定める。

$$\mathrm{sgn}\,\phi=\begin{cases} 1 & (\text{偶置換}) \\ -1 & (\text{奇置換}) \end{cases}$$

以上によって，行列式をつぎのように定義する。

$$A=\begin{pmatrix} a_{11} & a_{12} & \cdots & a_{1n} \\ a_{21} & a_{22} & \cdots & a_{2n} \\ \vdots & & \ddots & \vdots \\ a_{n1} & a_{n2} & \cdots & a_{nn} \end{pmatrix}=\left(a_{ij}\right)_{n\times n}$$

のとき，A の行列式は

$$|A|=\det A=\begin{vmatrix} a_{11} & a_{12} & \cdots & a_{1n} \\ a_{21} & a_{22} & \cdots & a_{2n} \\ \vdots & \vdots & \ddots & \vdots \\ a_{n1} & a_{n2} & \cdots & a_{nn} \end{vmatrix}=\sum_{\phi}\mathrm{sgn}(\phi)\,a_{1\phi(1)}a_{2\phi(2)}\cdots a_{n\phi(n)}$$

で定義され，これを n 次の**行列式**（determinant）という。

$\phi(1), \phi(2), \cdots, \phi(n)$ は，$1\sim n$ の順列であり，$\sum_{\phi}$ は，$1\sim n$ のすべての順列に対する和を表している。また，$\mathrm{sgn}(\phi)$ は，ϕ が偶置換のときプラス（+），奇置換のときにはマイナス（−）となり，これを $a_{1\phi(1)}a_{2\phi(2)}\cdots a_{n\phi(n)}$ に掛ける。

【例 4.3】　2 次の行列式

$$\begin{vmatrix} a_{11} & a_{12} \\ a_{21} & a_{22} \end{vmatrix}=\mathrm{sgn}\begin{pmatrix} 1 & 2 \\ 1 & 2 \end{pmatrix}a_{11}a_{22}+\mathrm{sgn}\begin{pmatrix} 1 & 2 \\ 2 & 1 \end{pmatrix}a_{12}a_{21}=a_{11}a_{22}-a_{12}a_{21}$$

□

【例 4.4】　3 次の行列式

$$\begin{vmatrix} a_{11} & a_{12} & a_{13} \\ a_{21} & a_{22} & a_{23} \\ a_{31} & a_{32} & a_{33} \end{vmatrix}=\mathrm{sgn}\begin{pmatrix} 1 & 2 & 3 \\ 1 & 2 & 3 \end{pmatrix}a_{11}a_{22}a_{33}+\mathrm{sgn}\begin{pmatrix} 1 & 2 & 3 \\ 2 & 3 & 1 \end{pmatrix}a_{12}a_{23}a_{31}$$

$$+\mathrm{sgn}\begin{pmatrix} 1 & 2 & 3 \\ 3 & 1 & 2 \end{pmatrix}a_{13}a_{21}a_{32}+\mathrm{sgn}\begin{pmatrix} 1 & 2 & 3 \\ 3 & 2 & 1 \end{pmatrix}a_{13}a_{22}a_{31}$$

$$+\mathrm{sgn}\begin{pmatrix} 1 & 2 & 3 \\ 2 & 1 & 3 \end{pmatrix}a_{12}a_{21}a_{33}+\mathrm{sgn}\begin{pmatrix} 1 & 2 & 3 \\ 1 & 3 & 2 \end{pmatrix}a_{11}a_{23}a_{32}$$

$$=a_{11}a_{22}a_{33}+a_{12}a_{23}a_{31}+a_{13}a_{21}a_{32}-a_{13}a_{22}a_{31}-a_{12}a_{21}a_{33}$$

$$-a_{11}a_{23}a_{32}$$

□

2次の行列式，3次の行列式については，つぎのような簡便な方法でも求めることができる。

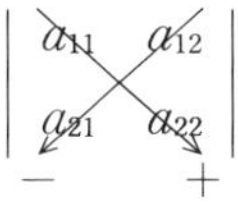

$$\begin{vmatrix} a_{11} & a_{12} \\ a_{21} & a_{22} \end{vmatrix} = a_{11}a_{22} - a_{12}a_{21}$$

を**たすき掛け法**といい

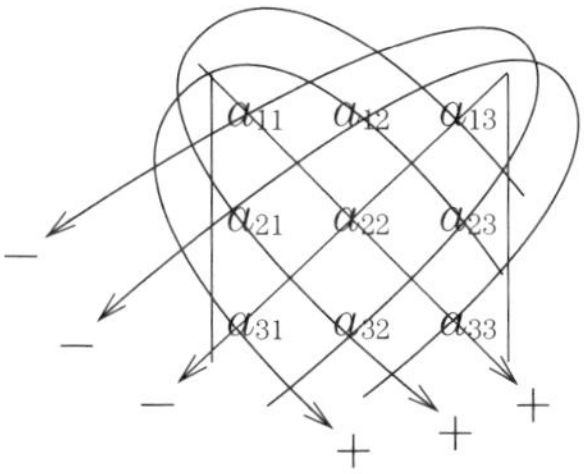

$$= a_{11}a_{22}a_{33} + a_{12}a_{23}a_{31} + a_{13}a_{21}a_{32} - a_{13}a_{22}a_{31} - a_{12}a_{21}a_{33} - a_{11}a_{23}a_{32}$$

を**サラス（Sarrus）の展開法**という。

しかしながら，4次以上の行列式にはこのような便利な方法はない。

【例 4.5】 つぎの行列式の値を求めよ。

(1) $\begin{vmatrix} 2 & 3 \\ -1 & 4 \end{vmatrix} = 2 \times 4 - 3 \times (-1) = 11$

(2) $\begin{vmatrix} 2 & 1 & -3 \\ 0 & 3 & 4 \\ -1 & 5 & 1 \end{vmatrix}$

$= 2 \times 3 \times 1 + 1 \times 4 \times (-1) + (-3) \times 0 \times 5$
$\quad - (-3) \times 3 \times (-1) - 1 \times 0 \times 1 - 2 \times 4 \times 5$
$= 6 - 4 + 0 - 9 - 0 - 40 = -47$ □

問題 4.3 つぎの行列式の値を求めよ。

(1) $\begin{vmatrix} 2 & 4 \\ -1 & 5 \end{vmatrix}$ (2) $\begin{vmatrix} -1 & 2 & 1 \\ 3 & 0 & -4 \\ 0 & -1 & 1 \end{vmatrix}$ (3) $\begin{vmatrix} 3 & 2 & 6 \\ -4 & 1 & -3 \\ -2 & 5 & 0 \end{vmatrix}$

4.2　行列式の性質

行列式についてつぎの性質が成り立つ。

（1）　行列式の行と列を入れ替えてもその値は変わらない。

　これにより，行列式において，行について成り立つ性質は列についても成り立ち，列について成り立つ性質は行についても成り立つ。

（2）　一つの行（列）に，他の行（列）の k 倍したものを加えても行列式の値は変わらない。

（3）　一つの行（列）を k 倍すると，行列式の値も k 倍になる。

（4）　二つの行（列）が等しい行列式の値は 0 となる。

（5）　二つの行（列）を入れ替えると行列式の値の符号が変わる。

（6）　行列式のある一行（列）を除いては，対応する要素が等しい二つの行列式の和は，その行（列）の要素の和を要素とし，他の行は（列）はもとのままの行列式に等しい。

（7）　二つの行列の積の行列式はおのおのの行列式の積に等しい。

問題 4.4　つぎの行列式の値を求めよ。

（1）　$\begin{vmatrix} 1 & -2 & 7 \\ -5 & 14 & -20 \\ 4 & -9 & 30 \end{vmatrix}$　（2）　$\begin{vmatrix} -2 & 6 & 4 \\ 3 & -9 & 5 \\ 10 & -27 & -16 \end{vmatrix}$

（3）　$\left|\begin{pmatrix} -1 & 3 & 1 \\ 4 & 2 & -1 \\ 1 & 0 & 5 \end{pmatrix}\begin{pmatrix} -3 & 2 & 5 \\ 0 & -2 & 4 \\ -1 & 6 & -7 \end{pmatrix}\right|$

4.3　行列式の余因子による展開

つぎの行列式

$$\begin{vmatrix} a_{11} & 0 & \cdots & 0 \\ a_{21} & a_{22} & \cdots & a_{2n} \\ \vdots & \vdots & \ddots & \vdots \\ a_{n1} & a_{n2} & \cdots & a_{nn} \end{vmatrix}$$

の値は，a_{1j} において $j \neq 1$ のとき 0 であるから

$$\begin{aligned} \begin{vmatrix} a_{11} & 0 & \cdots & 0 \\ a_{21} & a_{22} & \cdots & a_{2n} \\ \vdots & \vdots & \ddots & \vdots \\ a_{n1} & a_{n2} & \cdots & a_{nn} \end{vmatrix} &= \sum_{\phi} (\mathrm{sgn}\ \phi)\, a_{1\phi(1)} a_{2\phi(2)} \cdots a_{n\phi(n)} \\ &= a_{11} \sum_{\phi'} (\mathrm{sgn}\ \phi')\, a_{2\phi'(2)} a_{3\phi'(3)} \cdots a_{n\phi'(n)} \\ &= a_{11} \begin{vmatrix} a_{22} & a_{23} & \cdots & a_{2n} \\ a_{32} & a_{33} & \cdots & a_{3n} \\ \vdots & \vdots & \ddots & \vdots \\ a_{n2} & a_{n3} & \cdots & a_{nn} \end{vmatrix} \end{aligned}$$

さらに

$$\begin{vmatrix} a_{11} & a_{12} & \cdots & a_{1n} \\ 0 & a_{22} & \cdots & a_{2n} \\ \vdots & \vdots & \ddots & \vdots \\ 0 & a_{n2} & \cdots & a_{nn} \end{vmatrix}$$

についても，行列式の性質（1）より，同じ等式が成り立つ。

以上の結果より，上三角行列，下三角行列の行列式

$$\begin{vmatrix} a_{11} & a_{12} & \cdots & a_{1n} \\ & a_{22} & \cdots & a_{2n} \\ & O & \ddots & \vdots \\ & & & a_{nn} \end{vmatrix} = \begin{vmatrix} a_{11} & & & \\ a_{21} & a_{22} & & O \\ \vdots & & \ddots & \\ a_{n1} & a_{n2} & \cdots & a_{nn} \end{vmatrix} = a_{11} a_{22} \cdots a_{nn}$$

となる。

以上より，i 行 j 列を除いた（$n-1$）次の行列式を

$$\tilde{d}_{ij}=\begin{vmatrix} a_{11} & \cdots & a_{1j-1} & a_{1j+1} & \cdots & a_{nn} \\ a_{21} & \cdots & a_{2j-1} & a_{2j+1} & \cdots & a_{2n} \\ \vdots & \ddots & \vdots & \vdots & \ddots & \vdots \\ a_{i-11} & \cdots & a_{i-1j-1} & a_{i-1j+1} & \cdots & a_{i-1n} \\ a_{i+11} & \cdots & a_{i+1j-1} & a_{i+1j+1} & \cdots & a_{i+1n} \\ \vdots & \ddots & \vdots & \vdots & \ddots & \vdots \\ a_{n1} & \cdots & a_{nj-1} & a_{nj+1} & \cdots & a_{nn} \end{vmatrix}$$

とし，$\tilde{a}_{ij}=(-1)^{i+j}\tilde{d}_{ij}$ とする。

この $\tilde{a}_{ij}$ を行列 A の (i, j) 余因子といい

$$|A|=a_{i1}\tilde{a}_{i1}+a_{i2}\tilde{a}_{i2}+\cdots+a_{ij}\tilde{a}_{ij}+\cdots+a_{in}\tilde{a}_{in}$$

が得られる。これを行列式 $|A|$ の **i 行での余因子展開**という。同様に

$$|A|=a_{1j}\tilde{a}_{1j}+a_{2j}\tilde{a}_{2j}+\cdots+a_{ij}\tilde{a}_{ij}+\cdots\cdots+a_{nj}\tilde{a}_{nj}$$

を **j 列での余因子展開**という。

これは，$i=1$ のとき

$$|A|=\begin{vmatrix} a_{11} & 0 & \cdots & 0 \\ a_{21} & a_{22} & \cdots & a_{2n} \\ \vdots & \vdots & \ddots & \vdots \\ a_{n1} & a_{n2} & \cdots & a_{nn} \end{vmatrix}+\begin{vmatrix} 0 & a_{12} & \cdots & 0 \\ a_{21} & a_{22} & \cdots & a_{2n} \\ \vdots & \vdots & \ddots & \vdots \\ a_{n1} & a_{n2} & \cdots & a_{nn} \end{vmatrix}+\cdots+\begin{vmatrix} 0 & 0 & \cdots & a_{1n} \\ a_{21} & a_{22} & \cdots & a_{2n} \\ \vdots & \vdots & \ddots & \vdots \\ a_{n1} & a_{n2} & \cdots & a_{nn} \end{vmatrix}$$

$$=a_{11}\begin{vmatrix} a_{22} & a_{23} & \cdots & a_{2n} \\ a_{32} & a_{33} & \cdots & a_{3n} \\ \vdots & \vdots & \ddots & \vdots \\ a_{n2} & a_{n3} & \cdots & a_{nn} \end{vmatrix}+(-1)^{1}a_{12}\begin{vmatrix} a_{21} & a_{23} & \cdots & a_{2n} \\ a_{31} & a_{33} & \cdots & a_{3n} \\ \vdots & \vdots & \ddots & \vdots \\ a_{n1} & a_{n3} & \cdots & a_{nn} \end{vmatrix}+\cdots$$

$$+(-1)^{n-1}a_{1n}\begin{vmatrix} a_{21} & a_{22} & \cdots & a_{2n-1} \\ a_{31} & a_{32} & \cdots & a_{3n-1} \\ \vdots & \vdots & \ddots & \vdots \\ a_{n1} & a_{n2} & \cdots & a_{nn-1} \end{vmatrix}$$

$$=a_{11}\tilde{a}_{11}+a_{12}\tilde{a}_{12}+\cdots+a_{1n}\tilde{a}_{1n}$$

$i\neq1$ のとき

$$|A|=\begin{vmatrix} a_{11} & a_{12} & \cdots & a_{1n} \\ a_{21} & a_{22} & \cdots & a_{2n} \\ \vdots & \vdots & \ddots & \vdots \\ a_{i1} & a_{i2} & \cdots & a_{in} \\ \vdots & \vdots & \ddots & \vdots \\ a_{n1} & a_{n2} & \cdots & a_{nn} \end{vmatrix}=(-1)^{i-1}\begin{vmatrix} a_{i1} & a_{i2} & \cdots & a_{in} \\ a_{11} & a_{12} & \cdots & a_{1n} \\ a_{21} & a_{22} & \cdots & a_{2n} \\ \vdots & \ddots & \ddots & \vdots \\ a_{i-11} & a_{i-12} & \cdots & a_{i-1n} \\ a_{i+11} & a_{i+12} & \cdots & a_{i+1n} \\ \vdots & \ddots & \ddots & \vdots \\ a_{n1} & a_{n2} & \cdots & a_{nn} \end{vmatrix}$$

と考えて，$i=1$ の場合と同様な方法を行えばよい。

問題 4.5 つぎの行列式の値を求めよ。

（1） $\begin{vmatrix} 1 & -3 & 2 & 5 \\ -2 & 4 & 7 & 3 \\ 0 & -6 & 2 & -4 \\ -1 & 5 & -8 & -2 \end{vmatrix}$ （2） $\begin{vmatrix} 0 & 4 & -3 & 1 \\ 4 & -5 & -2 & 8 \\ 1 & 3 & 6 & -7 \\ 2 & -3 & 5 & 4 \end{vmatrix}$

さらに，行列 $A=(a_{ij})$ に対して，a_{ij} の余因子 $\tilde{a}_{ij}$ を (j, i) 要素とする行列を行列 A の**余因子行列**といい，$\tilde{A}$ で表す。

$$\tilde{A}=\begin{pmatrix} \tilde{a}_{11} & \tilde{a}_{21} & \cdots & \tilde{a}_{n1} \\ \tilde{a}_{12} & \tilde{a}_{22} & \cdots & \tilde{a}_{n2} \\ \vdots & \vdots & \ddots & \vdots \\ \tilde{a}_{1n} & \tilde{a}_{2n} & \cdots & \tilde{a}_{nn} \end{pmatrix}$$

これによりつぎの定理が成り立つ。

定 理 4.1 $A=(a_{ij})_{n\times n}$ に対して

（1） $A\tilde{A}=\tilde{A}A=|A|E_n$

（2） A が**正則**（regular）であるための必要十分条件は，$|A|\neq 0$ であり，このとき，$A^{-1}=\dfrac{1}{|A|}\tilde{A}$ で求めることができる。

【証明】

（1） $A\tilde{A}$ の (i, j) 要素は，$\sum_{k=1}^{n} a_{ik}\tilde{a}_{jk}$ であり，$j=i$ のときは，$\sum_{k=1}^{n} a_{ik}\tilde{a}_{jk}$

$=|A|$ となり，$j \neq i$ のときは

$$\sum_{k=1}^{n} a_{ik}\tilde{a}_{jk} = a_{i1}\tilde{a}_{j1} + a_{i2}\tilde{a}_{j2} + \cdots + a_{in}\tilde{a}_{jn} = \begin{vmatrix} a_{11} & a_{12} & \cdots & a_{1n} \\ \vdots & \vdots & \ddots & \vdots \\ a_{i1} & a_{i2} & \cdots & a_{in} \\ \vdots & \vdots & \ddots & \vdots \\ a_{j-11} & a_{j-12} & \cdots & a_{j-1n} \\ a_{i1} & a_{i2} & \cdots & a_{in} \\ a_{j+11} & a_{j+12} & \cdots & a_{j+1n} \\ \vdots & \vdots & \ddots & \vdots \\ a_{n1} & a_{n2} & \cdots & a_{nn} \end{vmatrix}$$

i 行と j 行が同じであることから，この値は0になる。すなわち，$A\tilde{A}$ の対角要素はすべて $|A|$ であり，それ以外の要素は0であることを示している。よって，$A\tilde{A}=|A|E_{(n)}$ であり，$\tilde{A}A=|A|E_{(n)}$ も同様に示すことができる。

（2） $|A| \neq 0$ のとき，（1）より，$A\left(\frac{1}{|A|}\tilde{A}\right)=\left(\frac{1}{|A|}\tilde{A}\right)A=E_n$ であるから，A は正則であり，$A^{-1}=\frac{1}{|A|}\tilde{A}$ である。

逆に，A が正則ならば，逆行列 A^{-1} が存在して，$AA^{-1}=E_{(n)}$ である。したがって，$|AA^{-1}|=|A||A^{-1}|=|E_{(n)}|=1$ であるから $|A| \neq 0$ である。

【例 4.6】 つぎの行列の余因子行列とその逆行列を求めてみる。

$$\begin{pmatrix} -1 & 2 & 1 \\ 3 & 0 & -4 \\ 0 & -1 & 1 \end{pmatrix}$$

余因子を求めると

$$\tilde{a}_{11}=\begin{vmatrix} 0 & -4 \\ -1 & 1 \end{vmatrix}=-4, \quad \tilde{a}_{12}=-\begin{vmatrix} 3 & -4 \\ 0 & 1 \end{vmatrix}=-3, \quad \tilde{a}_{13}=\begin{vmatrix} 3 & 0 \\ 0 & -1 \end{vmatrix}=-3$$

$$\tilde{a}_{21}=-\begin{vmatrix} 2 & 1 \\ -1 & 1 \end{vmatrix}=-3, \quad \tilde{a}_{22}=\begin{vmatrix} -1 & 1 \\ 0 & 1 \end{vmatrix}=-1, \quad \tilde{a}_{23}=-\begin{vmatrix} -1 & 2 \\ 0 & -1 \end{vmatrix}=-1$$

$$\tilde{a}_{31}=\begin{vmatrix} 2 & 1 \\ 0 & -4 \end{vmatrix}=-8, \quad \tilde{a}_{32}=-\begin{vmatrix} -1 & 1 \\ 3 & -4 \end{vmatrix}=-1, \quad \tilde{a}_{33}=\begin{vmatrix} -1 & 2 \\ 3 & 0 \end{vmatrix}=-6$$

よって

$$\tilde{A}=\begin{pmatrix} -4 & -3 & -8 \\ -3 & -1 & -1 \\ -3 & -1 & -6 \end{pmatrix}$$ さらに，$|A|=-3+4-6=-5$ より

$$A^{-1}=-\frac{1}{5}\begin{pmatrix} -4 & -3 & -8 \\ -3 & -1 & -1 \\ -3 & -1 & -6 \end{pmatrix}=\begin{pmatrix} \frac{4}{5} & \frac{3}{5} & \frac{8}{5} \\ \frac{3}{5} & \frac{1}{5} & \frac{1}{5} \\ \frac{3}{5} & \frac{1}{5} & \frac{6}{5} \end{pmatrix}$$

□

問題 4.6　つぎの行列の余因子行列と逆行列を求めよ。

（1）$\begin{pmatrix} 2 & 4 \\ 1 & 5 \end{pmatrix}$　（2）$\begin{pmatrix} 2 & 1 & 3 \\ 0 & 4 & 1 \\ -1 & -3 & -2 \end{pmatrix}$　（3）$\begin{pmatrix} 3 & 2 & 4 \\ -4 & 1 & -3 \\ -2 & 1 & 0 \end{pmatrix}$

問題 4.7　$|\tilde{A}|=|A|^{n-1}$ であることを示せ。

4.4 クラーメルの公式

$x_1, x_2, \cdots, x_n$ を未知数とする連立 1 次方程式

$$\begin{cases} a_{11}x_1+a_{12}x_2+\cdots+a_{1n}x_n=b_1 \\ a_{21}x_1+a_{22}x_2+\cdots+a_{2n}x_n=b_2 \\ \quad\vdots \\ a_{n1}x_1+a_{n2}x_2+\cdots+a_{nn}x_n=b_n \end{cases}$$

において

$$A=\begin{pmatrix} a_{11} & a_{12} & \cdots & a_{1n} \\ a_{21} & a_{22} & \cdots & a_{2n} \\ \vdots & & \ddots & \vdots \\ a_{n1} & a_{n2} & \cdots & a_{nn} \end{pmatrix},\quad X=\begin{pmatrix} x_1 \\ x_2 \\ \vdots \\ x_n \end{pmatrix},\quad B=\begin{pmatrix} b_1 \\ b_2 \\ \vdots \\ b_n \end{pmatrix}$$

とおいて

$$AX=B$$

と行列方程式として表し，解ベクトル X を求めるとき，A が正則の場合 A^{-1} を上式の両辺に左から掛けて

$$A^{-1}AX=A^{-1}B$$

$$X=A^{-1}B$$

によって得られることは 3.3 節で示した。

ここで，余因子行列 $\tilde{A}$ を用いると，$A^{-1}=\dfrac{1}{|A|}\tilde{A}$ であることから

$$X=A^{-1}B=\frac{1}{|A|}\tilde{A}\,B=\frac{1}{|A|}\begin{pmatrix} \tilde{a}_{11}b_1+\tilde{a}_{21}b_2+ & \cdots & +\tilde{a}_{n1}b_n \\ \tilde{a}_{12}b_1+\tilde{a}_{22}b_2+ & \cdots & +\tilde{a}_{n2}b_n \\ \vdots \quad\quad \vdots & \ddots & \vdots \\ \tilde{a}_{1n}b_1+\tilde{a}_{2n}b_2+ & \cdots & +\tilde{a}_{nn}b_n \end{pmatrix}$$

となり，$i=1, 2, \cdots, n$ に対して

$$x_i=\frac{1}{|A|}(\tilde{a}_{1i}b_1+\tilde{a}_{2i}b_2+\cdots+\tilde{a}_{ni}b_n)$$

$$=\frac{1}{|A|}\begin{vmatrix} a_{11} & \cdots & a_{1i-1} & b_1 & a_{1i+1} & \cdots & a_{1n} \\ a_{21} & \cdots & a_{2i-1} & b_2 & a_{2i+1} & \cdots & a_{2n} \\ \vdots & \ddots & \vdots & \vdots & \vdots & \ddots & \vdots \\ a_{n1} & \cdots & a_{ni-1} & b_n & a_{ni+1} & \cdots & a_{nn} \end{vmatrix}$$

ここで，右辺の分子は，行列 A の第 i 列目を B で置き換えた行列式である。これを**クラーメルの公式**（Cramer's formula）という。

【例 4.7】　クラーメルの公式を用いて，つぎの連立 1 次方程式を解け。

$$\begin{cases} 2x_1+3x_2=8 \\ x_1+2x_2=5 \end{cases}$$

$|A|=\begin{vmatrix} 2 & 3 \\ 1 & 2 \end{vmatrix}=4-3=1$ であるから

$$x_1=\frac{1}{|A|}\begin{vmatrix} 8 & 3 \\ 5 & 2 \end{vmatrix}=16-15=1,\quad x_2=\frac{1}{|A|}\begin{vmatrix} 2 & 8 \\ 1 & 5 \end{vmatrix}=10-8=2$$

□

【例 4.8】 クラーメルの公式を用いて，つぎの連立1次方程式を解け。

$$\begin{cases} -x_1+2x_2+x_3=-1 \\ 3x_1-4x_3=-2 \\ -x_2+x_3=5 \end{cases}$$

$$|A|=\begin{vmatrix} -1 & 2 & 1 \\ 3 & 0 & -4 \\ 0 & -1 & 1 \end{vmatrix}=-5$$

であるから

$$x_1=\frac{1}{|A|}\begin{vmatrix} -1 & 2 & 1 \\ -2 & 0 & -4 \\ 5 & -1 & 1 \end{vmatrix}=\frac{1}{-5}\{2-40-(-4-4)\}=6$$

$$x_2=\frac{1}{|A|}\begin{vmatrix} -1 & -1 & 1 \\ 3 & -2 & -4 \\ 0 & 5 & 1 \end{vmatrix}=\frac{1}{-5}\{2+15-(20-3)\}=0$$

$$x_3=\frac{1}{|A|}\begin{vmatrix} -1 & 2 & -1 \\ 3 & 0 & -2 \\ 0 & -1 & 5 \end{vmatrix}=\frac{1}{-5}\{3-(-2+30)\}=5$$

□

問題 4.8 つぎの連立1次方程式をクラーメルの公式を用いて解け。

(1) $\begin{cases} 3x_1+x_2=1 \\ x_1-2x_2=2 \end{cases}$ (2) $\begin{cases} 4x_1-3x_2=-3 \\ -x_1+2x_2=4 \end{cases}$ (3) $\begin{cases} x_1+2x_2+x_3=-1 \\ 2x_1+x_2-x_3=1 \\ 3x_1+x_2+2x_3=2 \end{cases}$

3 章で述べた同次連立 1 次方程式

$$\begin{cases} a_{11}x_1+a_{12}x_2+\cdots+a_{1n}x_n=0 \\ a_{21}x_1+a_{22}x_2+\cdots+a_{2n}x_n=0 \\ \vdots \\ a_{n1}x_1+a_{n2}x_2+\cdots+a_{nn}x_n=0 \end{cases}$$

について係数行列を

$$A=\begin{pmatrix} a_{11} & a_{12} & \cdots\cdots & a_{1n} \\ a_{21} & a_{22} & \cdots\cdots & a_{2n} \\ \vdots & & \ddots & \vdots \\ a_{n1} & a_{n2} & \cdots\cdots & a_{nn} \end{pmatrix}$$

とするとき，もし，$|A|\neq 0$ であるならば，クラーメルの公式より

$$x_i=\frac{1}{|A|}\begin{vmatrix} a_{11} & \cdots & a_{1i-1} & 0 & a_{1i+1} & \cdots & a_{1n} \\ a_{21} & \cdots & a_{2i-1} & 0 & a_{2i+1} & \cdots & a_{2n} \\ \vdots & \ddots & \vdots & \vdots & \vdots & \ddots & \vdots \\ a_{n1} & \cdots & a_{ni-1} & 0 & a_{ni+1} & \cdots & a_{nn} \end{vmatrix}=0$$

となり，自明解のみを持つ。

定理 4.2　同次連立 1 次方程式が非自明解を持つための必要十分条件は，$|A|=0$ である。

4.5　行列式の図形的な意味

図 4.1 のような平面上の二つのベクトル

$$\overrightarrow{\mathrm{PA}}=\boldsymbol{a}=(a_1,\ a_2),\quad \overrightarrow{\mathrm{PB}}=\boldsymbol{b}=(b_1,\ b_2)$$

で張られる平行四辺形の面積 S を考えてみる。

$\boldsymbol{a}$ と $\boldsymbol{b}$ のなす角を θ $(0<\theta<\pi)$ とおくと

$$S=|\boldsymbol{a}||\boldsymbol{b}|\sin\theta$$

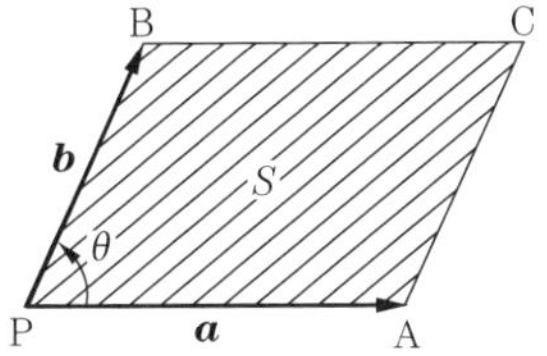

図 4.1

であるから

$$
\begin{aligned}
S^2 &= |\boldsymbol{a}|^2 |\boldsymbol{b}|^2 \sin^2\theta \\
&= |\boldsymbol{a}|^2 |\boldsymbol{b}|^2 (1-\cos^2\theta) \\
&= |\boldsymbol{a}|^2 |\boldsymbol{b}|^2 - |\boldsymbol{a}|^2 |\boldsymbol{b}|^2 \cos^2\theta \\
&= |\boldsymbol{a}|^2 |\boldsymbol{b}|^2 - (\boldsymbol{a}\cdot\boldsymbol{b})^2 \\
&= ({a_1}^2 + {a_2}^2)({b_1}^2 + {b_2}^2) - (a_1 b_1 + a_2 b_2)^2 \\
&= {a_1}^2 {b_2}^2 - 2a_1 b_1 a_2 b_2 + {a_2}^2 {b_1}^2 \\
&= (a_1 b_2 - a_2 b_1)^2
\end{aligned}
$$

よって

$$
S = \pm \begin{vmatrix} a_1 & a_2 \\ b_1 & b_2 \end{vmatrix} \quad \text{(ただし，±は面積が正になるように選ぶ)}
$$

が得られる。これが 2 次の行列式の図形的な意味と捉えられる。

さらに，3 次の行列式の図形的な意味については，空間内の二つのベクトル

$$
\boldsymbol{a} = (a_1,\ a_2,\ a_3), \quad \boldsymbol{b} = (b_1,\ b_2,\ b_3)
$$

に対して，外積の定義から

$$
\begin{aligned}
\boldsymbol{a}\times\boldsymbol{b} &= (a_1\boldsymbol{i} + a_2\boldsymbol{j} + a_3\boldsymbol{k}) \times (b_1\boldsymbol{i} + b_2\boldsymbol{j} + b_3\boldsymbol{k}) \\
&= (a_2 b_3 - a_3 b_2)\boldsymbol{i} + (a_3 b_1 - a_1 b_3)\boldsymbol{j} + (a_1 b_2 - a_2 b_1)\boldsymbol{k} \\
&= \left(\begin{vmatrix} a_2 & a_3 \\ b_2 & b_3 \end{vmatrix},\ \begin{vmatrix} a_3 & a_1 \\ b_3 & b_1 \end{vmatrix},\ \begin{vmatrix} a_1 & a_2 \\ b_1 & b_2 \end{vmatrix} \right)
\end{aligned}
$$

となるが，このとき，$\boldsymbol{c} = (c_1,\ c_2,\ c_3)$ と $\boldsymbol{a}\times\boldsymbol{b}$ の内積をとると

$$
(\boldsymbol{a}\times\boldsymbol{b})\cdot\boldsymbol{c} = c_1 \begin{vmatrix} a_2 & a_3 \\ b_2 & b_3 \end{vmatrix} + c_2 \begin{vmatrix} a_3 & a_1 \\ b_3 & b_1 \end{vmatrix} + c_3 \begin{vmatrix} a_1 & a_2 \\ b_1 & b_2 \end{vmatrix}
$$

であるが，右辺は，次式の右辺の行列式を第 3 行について展開したものであるから

$$(\boldsymbol{a}\times\boldsymbol{b})\cdot\boldsymbol{c}=\begin{vmatrix} a_1 & a_2 & a_3 \\ b_1 & b_2 & b_3 \\ c_1 & c_2 & c_3 \end{vmatrix}$$

を得る。

上式の左辺は $\boldsymbol{a}$，$\boldsymbol{b}$，$\boldsymbol{c}$ の**スカラー 3 重積**とも呼ばれるが，$(\boldsymbol{a}\times\boldsymbol{b})\cdot\boldsymbol{c}$ の図形的な意味について考えてみる。

ところで

$$(\boldsymbol{a}\times\boldsymbol{b})\cdot\boldsymbol{a}=\begin{vmatrix} a_1 & a_2 & a_3 \\ b_1 & b_2 & b_3 \\ a_1 & a_2 & a_3 \end{vmatrix}=0,\quad (\boldsymbol{a}\times\boldsymbol{b})\cdot\boldsymbol{b}=\begin{vmatrix} a_1 & a_2 & a_3 \\ b_1 & b_2 & b_3 \\ b_1 & b_2 & b_3 \end{vmatrix}=0$$

であるから，$\boldsymbol{a}\times\boldsymbol{b}$ は $\boldsymbol{a}$ と $\boldsymbol{b}$ の両方に垂直なベクトルである。

また，$\boldsymbol{a}\times\boldsymbol{b}$ の大きさを求めるために $\boldsymbol{a}$ と $\boldsymbol{b}$ のなす角を $\theta\,(0<\theta<\pi)$ とすると

$$\begin{aligned}|\boldsymbol{a}\times\boldsymbol{b}|^2&=\begin{vmatrix} a_2 & a_3 \\ b_2 & b_3 \end{vmatrix}^2+\begin{vmatrix} a_3 & a_1 \\ b_3 & b_1 \end{vmatrix}^2+\begin{vmatrix} a_1 & a_2 \\ b_1 & b_2 \end{vmatrix}^2 \\ &=(a_2b_3-a_3b_2)^2+(a_3b_1-a_1b_3)^2+(a_1b_2-a_2b_1)^2 \\ &=(a_1{}^2+a_2{}^2+a_3{}^2)(b_1{}^2+b_2{}^2+b_3{}^2)-(a_1b_1+a_2b_2+a_3b_3)^2 \\ &=|\boldsymbol{a}|^2|\boldsymbol{b}|^2-(\boldsymbol{a}\cdot\boldsymbol{b})^2 \\ &=|\boldsymbol{a}|^2|\boldsymbol{b}|^2\sin^2\theta\end{aligned}$$

となるから

$$|\boldsymbol{a}\times\boldsymbol{b}|=|\boldsymbol{a}||\boldsymbol{b}|\sin\theta$$

が得られるが，これは，$\boldsymbol{a}$ と $\boldsymbol{b}$ で張られる平行四辺形の面積を示す（**図 4.2**）。

つぎに，$\boldsymbol{a}$，$\boldsymbol{b}$，$\boldsymbol{c}$ で張られる平行六面体の体積 V を求める。$\boldsymbol{c}$ と $\boldsymbol{a}\times\boldsymbol{b}$ のなす角を ψ（$0<\psi<\pi$）とすると，平行六面体の高さ h は

$$h=\pm|\boldsymbol{c}|\cos\psi\quad（ただし，\pm は長さが正になるように選ぶ）$$

であることから

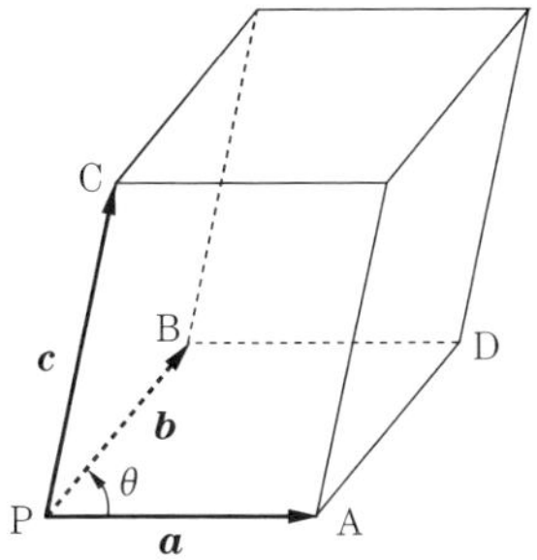

図 4.2

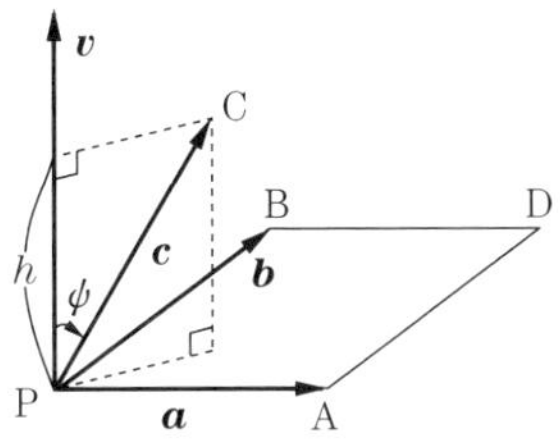

図 4.3

$$
\begin{aligned}
V &= \pm|\boldsymbol{a}\times\boldsymbol{b}||\boldsymbol{c}|\cos\psi \\
&= \pm(\boldsymbol{a}\times\boldsymbol{b})\cdot\boldsymbol{c} \\
&= \pm\begin{vmatrix} a_1 & a_2 & a_3 \\ b_1 & b_2 & b_3 \\ c_1 & c_2 & c_3 \end{vmatrix}
\end{aligned}
$$
（ただし，±は体積が正になるように選ぶ）

が得られる。これが，3次の行列式の図形的な捉え方である（**図 4.3**）。

問題 4.9　つぎのベクトルで張られる図形の面積 S あるいは体積 V を求めよ。

（1）　$\boldsymbol{a}=(-2, 7)$
　　　$\boldsymbol{b}=(5, -1)$

（2）　$\boldsymbol{a}=(-1, 3, -2)$
　　　$\boldsymbol{b}=(4, -2, 1)$
　　　$\boldsymbol{c}=(2, 3, 5)$

演　習　問　題

1.　つぎの行列式の値を求めよ。

（1）　$\begin{vmatrix} 2 & 3 & -1 \\ 0 & 5 & 4 \\ 5 & -2 & 2 \end{vmatrix}$　（2）　$\begin{vmatrix} 5 & 9 & -7 \\ 7 & 8 & 6 \\ 0 & 0 & 5 \end{vmatrix}$　（3）　$\begin{vmatrix} 1 & -4 & 2 \\ 3 & -1 & 0 \\ -5 & 2 & 3 \end{vmatrix}$

（4）　$\begin{vmatrix} 4 & 5 & 1 & 3 \\ 2 & 1 & 0 & 1 \\ 3 & -4 & 5 & -6 \\ -4 & 3 & 1 & -1 \end{vmatrix}$　（5）　$\begin{vmatrix} 3 & 2 & -4 & -1 \\ -1 & 1 & 2 & 1 \\ 2 & 4 & 1 & 2 \\ -1 & 1 & 3 & -2 \end{vmatrix}$

(6) $\begin{vmatrix} 0 & 1 & 1 & -1 \\ -2 & 3 & 2 & 0 \\ -4 & 1 & 5 & 2 \\ 1 & -1 & -2 & 3 \end{vmatrix}$

2.　つぎの行列式を因数分解せよ。

(1) $\begin{vmatrix} a & b & a \\ b & a & b \\ b & a & a \end{vmatrix}$　(2) $\begin{vmatrix} 1 & 1 & 1 \\ a & b & c \\ a^2 & b^2 & c^2 \end{vmatrix}$　(3) $\begin{vmatrix} 1 & 1 & 1 \\ a^2 & b^2 & c^2 \\ (b+c)^2 & (c+a)^2 & (a+b)^2 \end{vmatrix}$

3.　つぎの方程式を解け。

(1) $\begin{vmatrix} 3-x & 5 \\ 4 & 2-x \end{vmatrix}=0$　(2) $\begin{vmatrix} 2-x & -6 & 6 \\ 3 & -7-x & 6 \\ 3 & -6 & 5-x \end{vmatrix}=0$

(3) $\begin{vmatrix} -x & 1 & 1 \\ -4 & 4-x & 2 \\ 4 & -3 & -1-x \end{vmatrix}=0$

4.　余因子行列を利用してつぎの行列の逆行列を求めよ。

(1) $\begin{pmatrix} 1 & -1 & 0 \\ 2 & 3 & 1 \\ -4 & 2 & 1 \end{pmatrix}$　(2) $\begin{pmatrix} 1 & 2 & 3 \\ 1 & 3 & 5 \\ 1 & 5 & 12 \end{pmatrix}$　(3) $\begin{pmatrix} 2 & 1 & 5 \\ -1 & 2 & 1 \\ 3 & -1 & 8 \end{pmatrix}$

5.　つぎの連立方程式をクラーメルの公式を用いて解け。

(1) $\begin{cases} -x_1+2x_2+x_3=7 \\ 3x_1-x_2+2x_3=-1 \\ 2x_1+x_2-3x_3=-12 \end{cases}$　(2) $\begin{cases} (s+1)x_1-x_2=\dfrac{s}{s-1} \\ 3x_1+(s-2)x_2=\dfrac{s+1}{s-1} \end{cases}$

5 ベクトル空間と固有値

ベクトル演算の基礎的なものは 2 章で学んだが，ここでは，数ベクトル空間とその部分ベクトル空間について，実ベクトル空間を中心に学び，そして，ベクトルの 1 次独立性，1 次従属性について学び，さらに，ベクトル空間の基と次元，固有値と固有ベクトル，行列の対角化，ケーリー・ハミルトンの定理，2 次形式とその標準形までを学ぶ。

5.1 数ベクトル空間

n 行 1 列の行列すなわち n 次元の列ベクトル全体の集合を考える。さらに，集合 K が実数 $\boldsymbol{R}$ あるいは複素数 $\boldsymbol{C}$ を表すと，列ベクトルの成分を K とする n 次元の列ベクトル全体 K^n は，和およびスカラー倍について

$\boldsymbol{u}, \boldsymbol{v} \in K^n$　および　$k \in K$ に対して

$$\boldsymbol{u}=\begin{pmatrix} u_1 \\ u_2 \\ \vdots \\ u_n \end{pmatrix}, \quad \boldsymbol{v}=\begin{pmatrix} v_1 \\ v_2 \\ \vdots \\ v_n \end{pmatrix} \text{のとき}$$

$$\boldsymbol{u}+\boldsymbol{v}=\begin{pmatrix} u_1 \\ u_2 \\ \vdots \\ u_n \end{pmatrix}+\begin{pmatrix} v_1 \\ v_2 \\ \vdots \\ v_n \end{pmatrix}=\begin{pmatrix} u_1+v_1 \\ u_2+v_2 \\ \vdots \\ u_n+v_n \end{pmatrix}, \quad k\boldsymbol{u}=\begin{pmatrix} ku_1 \\ ku_2 \\ \vdots \\ ku_n \end{pmatrix}$$

と定義し

つぎの性質

（1）　$(\boldsymbol{u}+\boldsymbol{v})+\boldsymbol{w}=\boldsymbol{u}+(\boldsymbol{v}+\boldsymbol{w})$

（2）　$\boldsymbol{u}+\boldsymbol{v}=\boldsymbol{v}+\boldsymbol{u}$

（3）　$\boldsymbol{0}$ が存在し，すべての $\boldsymbol{u}$ に対して，$\boldsymbol{u}+\boldsymbol{0}=\boldsymbol{0}+\boldsymbol{u}=\boldsymbol{u}$

（4）　任意の $\boldsymbol{u}$ に対して，$\boldsymbol{u}+\boldsymbol{u}'=\boldsymbol{u}'+\boldsymbol{u}=\boldsymbol{0}$ となる $\boldsymbol{u}'\in\boldsymbol{K}^n$ が存在する

（5）　$k(\boldsymbol{u}+\boldsymbol{v})=k\boldsymbol{u}+k\boldsymbol{v}$

（6）　$(k+h)\boldsymbol{u}=k\boldsymbol{u}+h\boldsymbol{u}$

（7）　$(kh)\boldsymbol{u}=k(h\boldsymbol{u})=h(k\boldsymbol{u})$

（8）　$1\boldsymbol{u}=\boldsymbol{u}$

を満たすとき，K^n は K 上の数ベクトル空間をなすという。さらに，$K=\boldsymbol{R}$ のとき**実ベクトル空間**，$K=\boldsymbol{C}$ のとき**複素ベクトル空間**という。さらに，K 上のベクトル空間 V の空でない部分集合 W において

（1）　$\boldsymbol{u},\boldsymbol{v}\in W$ ならば $\boldsymbol{u}+\boldsymbol{v}\in W$

（2）　$k\in K$，$\boldsymbol{u}\in W$ ならば $k\boldsymbol{u}\in W$

を満たすならば，W は K 上のベクトル空間となり，W を V の部分ベクトル空間という。

ベクトル空間 V の m 個のベクトル $\boldsymbol{v}_1,\boldsymbol{v}_2,\cdots,\boldsymbol{v}_m$ からなる

$$W=\{\boldsymbol{x}\in V\,|\,\boldsymbol{x}=x_1\boldsymbol{v}_1+x_2\boldsymbol{v}_2+\cdots+x_m\boldsymbol{v}_m\}$$

は，$\boldsymbol{v}_1,\boldsymbol{v}_2,\cdots,\boldsymbol{v}_m$ によって生成されるといい，$W=[\boldsymbol{v}_1,\boldsymbol{v}_2,\cdots,\boldsymbol{v}_m]$ で表され，V の部分ベクトル空間になる。

5.2　1次独立と1次従属

$\boldsymbol{v}_1,\boldsymbol{v}_2,\cdots,\boldsymbol{v}_n\in K^n$，任意の $k_1,k_2,\cdots,k_n\in K$ として，1次結合 $k_1\boldsymbol{v}_1+k_2\boldsymbol{v}_2+\cdots+k_n\boldsymbol{v}_n$ において

$$k_1\boldsymbol{v}_1+k_2\boldsymbol{v}_2+\cdots+k_n\boldsymbol{v}_n=\boldsymbol{0} \text{ ならば } k_1=k_2=\cdots=k_n=0$$

であるとき，$\boldsymbol{v}_1,\boldsymbol{v}_2,\cdots,\boldsymbol{v}_n$ は**1次独立**（linearly independent）であるという。$\boldsymbol{v}_1,\boldsymbol{v}_2,\cdots,\boldsymbol{v}_n$ が1次独立でないとき，**1次従属**であるという。

例えば，二つのベクトル $\boldsymbol{u}=\begin{pmatrix}1\\2\end{pmatrix}$，$\boldsymbol{v}=\begin{pmatrix}3\\1\end{pmatrix}$について

まず，任意の実数を k_1，k_2 として

$$k_1\boldsymbol{u}+k_2\boldsymbol{v}=\boldsymbol{0} \text{ より，} k_1\begin{pmatrix}1\\2\end{pmatrix}+k_2\begin{pmatrix}3\\1\end{pmatrix}=\boldsymbol{0}$$

これは，$k_1+3k_2=0$，$2k_1+k_2=0$ であるから，これより $k_1=k_2=0$ が得られる。よって，$\boldsymbol{u}=\begin{pmatrix}1\\2\end{pmatrix}$，$\boldsymbol{v}=\begin{pmatrix}3\\1\end{pmatrix}$は1次独立である。

問題 5.1
つぎの三つのベクトル $\boldsymbol{u}=\begin{pmatrix}1\\0\\0\end{pmatrix}$，$\boldsymbol{v}=\begin{pmatrix}0\\1\\0\end{pmatrix}$，$\boldsymbol{w}=\begin{pmatrix}0\\0\\1\end{pmatrix}$は，1次独立であることを示せ。

一般に，n 次元の実ベクトル空間 $\boldsymbol{R}^n$ における n 個のベクトル $\boldsymbol{e}_1,\boldsymbol{e}_2,\cdots,\boldsymbol{e}_n$ を

$$\boldsymbol{e}_1=\begin{pmatrix}1\\0\\0\\\vdots\\0\end{pmatrix},\quad \boldsymbol{e}_2=\begin{pmatrix}0\\1\\0\\\vdots\\0\end{pmatrix},\quad \cdots,\quad \boldsymbol{e}_n=\begin{pmatrix}0\\0\\\vdots\\0\\1\end{pmatrix}$$

とするとき，これを**基本ベクトル**という。これらは，大きさ1の単位ベクトルであり，もちろん1次独立である。

定 理 5.1　n 次の正方行列 $A=(a_{ij})$ の列ベクトルを $\boldsymbol{v}_1,\boldsymbol{v}_2,\cdots,\boldsymbol{v}_n$ とすると

（1）　$\boldsymbol{v}_1,\boldsymbol{v}_2,\cdots,\boldsymbol{v}_n$ が1次独立である必要十分条件は $|A|\neq 0$

（2）　$\boldsymbol{v}_1,\boldsymbol{v}_2,\cdots,\boldsymbol{v}_n$ が1次従属である必要十分条件は $|A|=0$

行ベクトルについても同様のことが成立する。

問題 5.2　つぎのベクトルは1次独立か1次従属かを調べよ。

（1）　$\boldsymbol{u}=\begin{pmatrix}1\\1\\-1\end{pmatrix}$，$\boldsymbol{v}=\begin{pmatrix}1\\-1\\1\end{pmatrix}$，$\boldsymbol{w}=\begin{pmatrix}0\\1\\1\end{pmatrix}$　（2）　$\boldsymbol{u}=\begin{pmatrix}2\\6\\-4\end{pmatrix}$，$\boldsymbol{v}=\begin{pmatrix}5\\2\\3\end{pmatrix}$，$\boldsymbol{w}=\begin{pmatrix}4\\-1\\5\end{pmatrix}$

（3）

$$\boldsymbol{u}=\begin{pmatrix}1\\-1\\0\\2\end{pmatrix},\quad \boldsymbol{v}=\begin{pmatrix}0\\3\\-4\\5\end{pmatrix},\quad \boldsymbol{w}=\begin{pmatrix}-3\\1\\-2\\4\end{pmatrix}$$

（4）

$$\boldsymbol{u}=\begin{pmatrix}-3\\2\\4\\1\end{pmatrix},\quad \boldsymbol{v}=\begin{pmatrix}1\\-3\\-2\\-1\end{pmatrix},\quad \boldsymbol{w}=\begin{pmatrix}-2\\4\\-1\\5\end{pmatrix},\quad \boldsymbol{x}=\begin{pmatrix}-3\\0\\-1\\4\end{pmatrix}$$

K 上のベクトル空間 V において，$\boldsymbol{v}_1, \boldsymbol{v}_2, \cdots, \boldsymbol{v}_r$ がつぎの条件

（1）　$\boldsymbol{v}_1, \boldsymbol{v}_2, \cdots, \boldsymbol{v}_r$ は1次独立

（2）　$V=[\boldsymbol{v}_1, \boldsymbol{v}_2, \cdots, \boldsymbol{v}_r]$，すなわち

V の任意のベクトル $\boldsymbol{x}$ は，$\{\boldsymbol{v}_1, \boldsymbol{v}_2, \cdots, \boldsymbol{v}_r\}$ を用いて

$$\boldsymbol{x}=k_1\boldsymbol{v}_1+k_2\boldsymbol{v}_2+\cdots+k_r\boldsymbol{v}_r$$

と表され，$k_1, k_2, \cdots, k_r$ は一意に決定する。

を満たすとき，$\{\boldsymbol{v}_1, \boldsymbol{v}_2, \cdots, \boldsymbol{v}_r\}$ を V の**基**（base），または，**基底**という。ベクトル空間 V の任意の基のベクトルの個数は一定であるから，この r をベクトル空間 V の次元といい，$\dim V=r$ と表す。

5.3　固有値と固有ベクトル

n 次の正方行列 A，n 次の列ベクトル $\boldsymbol{x}$，そして λ をスカラーとするとき，方程式

$$A\boldsymbol{x}=\lambda\boldsymbol{x}$$

は明らかに自明な解 $\boldsymbol{x}=\boldsymbol{0}$ を持つ。この方程式が $\boldsymbol{0}$ 以外の解 $\boldsymbol{x}$ を持つような λ の値を，行列 A の**固有値**（characteristic value または eigenvalue）といい，その固有値 λ に対応する解 $\boldsymbol{x}$ を**固有ベクトル**（eigenvector）という。

$A\boldsymbol{x}=\lambda\boldsymbol{x}=\lambda E\boldsymbol{x}$ であるから $(A-\lambda E)\boldsymbol{x}=\boldsymbol{0}$ とも表されるが，$(A-\lambda E)\boldsymbol{x}=\boldsymbol{0}$ が，$\boldsymbol{x}=\boldsymbol{0}$ 以外の解を持つためには $|A-\lambda E|=0$ を満たさなければならない。

ここで，$\phi_A(\lambda)=|A-\lambda E|=0$ を A の **固有方程式** (characterisitc equation) という。

【例 5.1】

$A=\begin{pmatrix}2 & 1\\1 & 2\end{pmatrix}$ の固有方程式

$$\begin{vmatrix}2-\lambda & 1\\1 & 2-\lambda\end{vmatrix}=0$$

より

$\lambda^2-4\lambda+3=(\lambda-1)(\lambda-3)=0$ より，A の固有値は 1 と 3 である。

これより，求める固有ベクトルは，つぎの方程式の解であるから

$\lambda=1$ のとき

$$\begin{pmatrix}2 & 1\\1 & 2\end{pmatrix}\begin{pmatrix}x_1\\x_2\end{pmatrix}=1\begin{pmatrix}x_1\\x_2\end{pmatrix} \text{ より } \quad \begin{cases}x_1+x_2=0\\x_1+x_2=0\end{cases}$$

よって，$x_2=-x_1$

これより，固有ベクトル $\boldsymbol{u}=c_1\begin{pmatrix}1\\-1\end{pmatrix}$，$c_1=$定数$\neq 0$

$\lambda=3$ のとき

$$\begin{pmatrix}2 & 1\\1 & 2\end{pmatrix}\begin{pmatrix}x_1\\x_2\end{pmatrix}=3\begin{pmatrix}x_1\\x_2\end{pmatrix} \text{ より } \quad \begin{cases}-x_1+x_2=0\\x_1-x_2=0\end{cases}$$

よって，$x_2=x_1$

これより，固有ベクトル $\boldsymbol{v}=c_2\begin{pmatrix}1\\1\end{pmatrix}$，$c_2=$定数$\neq 0$

を得る。 □

定 理 5.2　n 次の正方行列 A の相異なる固有値に対応する固有ベクトルは 1 次独立である。

固有値 λ に対応する固有ベクトルは，一意には定まらない。すなわち，λ に対応する固有ベクトルの一つを $\boldsymbol{x}$ とすると

$$A(k\boldsymbol{x})=k(A\boldsymbol{x})=k(\lambda\boldsymbol{x})=\lambda(k\boldsymbol{x})$$

より，$k\boldsymbol{x}\,(k \neq 0)$ も固有ベクトルとなる。

また，$\boldsymbol{x}_1$，$\boldsymbol{x}_2$ が固有値 λ に属する二つの固有ベクトルならば，$\boldsymbol{x}_1+\boldsymbol{x}_2$ も λ に対応する固有ベクトルになる。

$$A(\boldsymbol{x}_1+\boldsymbol{x}_2)=A\boldsymbol{x}_1+A\boldsymbol{x}_2=\lambda\boldsymbol{x}_1+\lambda\boldsymbol{x}_2=\lambda(\boldsymbol{x}_1+\boldsymbol{x}_2)$$

また，固有値は実数とは限らない。それに対応する固有ベクトルも実ベクトルとは限らない。

問題 5.3　つぎの行列 A の固有値，およびそのそれぞれに対応する固有ベクトルを求めよ。

（1）$\begin{pmatrix} 1 & 2 \\ 2 & 1 \end{pmatrix}$　　（2）$\begin{pmatrix} 3 & -2 \\ -2 & 1 \end{pmatrix}$

5.4　行列の対角化

正方行列 A，B に対して

$$B=P^{-1}AP$$

を満たす正則行列 P が存在するとき，行列 B は行列 A に**相似**であるという。

$|B-\lambda E|=0$ のとき，

$$\begin{aligned}
&|B-\lambda E| \\
&\quad=|P^{-1}AP-\lambda E| \\
&\quad=|P^{-1}AP-\lambda P^{-1}P| \\
&\quad=|P^{-1}(A-\lambda E)P| \\
&\quad=|P^{-1}||A-\lambda E||P| \\
&\quad=|P^{-1}||P||A-\lambda E| \\
&\quad=|P^{-1}P||A-\lambda E|=|A-\lambda E|=0
\end{aligned}$$

より，同じ固有方程式を持つことがわかる。

定理 5.3　行列 A と行列 B が相似であるとき，二つの行列の固有方程式（すなわち固有値）は同じになる。

行列 A と対角行列が相似であるとき，行列 A は**対角化可能**であるという。

2 次の行列 A が対角化可能であるための必要十分条件は，A が異なる二つの固有値を持つか，ただ一つの固有値に対応する 1 次独立な二つのベクトルが存在することである。

すなわち，A の固有値が λ_1，λ_2 で，おのおのの固有ベクトルを

$$\boldsymbol{u}=\begin{pmatrix} u_1 \\ u_2 \end{pmatrix}, \quad \boldsymbol{v}=\begin{pmatrix} v_1 \\ v_2 \end{pmatrix}$$

とすると，これを用いて，正則行列 P を

$$P=\begin{pmatrix} u_1 & v_1 \\ u_2 & v_2 \end{pmatrix}$$

とすれば

$$P^{-1}AP=\begin{pmatrix} \lambda_1 & 0 \\ 0 & \lambda_2 \end{pmatrix}$$

となり，対角化することができる。

定 理 5.4　n 次の正方行列 A が対角化可能であるための必要十分条件は，n 個の 1 次独立な固有ベクトルが存在することである。

【例 5.2】　例 5.1 より

$$A=\begin{pmatrix} 2 & 1 \\ 1 & 2 \end{pmatrix}$$

の固有値 1，3 に対応する二つの固有ベクトルがそれぞれ

$$\boldsymbol{u}=c_1\begin{pmatrix} 1 \\ -1 \end{pmatrix}, \quad \boldsymbol{v}=c_2\begin{pmatrix} 1 \\ 1 \end{pmatrix}$$

であるから

$$P=\begin{pmatrix} 1 & 1 \\ -1 & 1 \end{pmatrix}$$

にとれば

$$P^{-1}AP=\begin{pmatrix}1 & 0\\ 0 & 3\end{pmatrix}$$

を得る。 □

問題 5.4　例 5.2 を確かめよ。

問題 5.5　つぎの行列 A が対角化可能かどうか判定し，対角化できる場合には P を求め，対角行列 $P^{-1}AP$ を求めよ。

（1）$\begin{pmatrix}2 & -2\\ 1 & -1\end{pmatrix}$　（2）$\begin{pmatrix}3 & -1\\ 1 & 1\end{pmatrix}$　（3）$\begin{pmatrix}1 & 3\\ 4 & 2\end{pmatrix}$　（4）$\begin{pmatrix}0 & 1\\ 1 & 0\end{pmatrix}$

（5）$\begin{pmatrix}1 & 2 & 0\\ 2 & -1 & 0\\ 0 & 0 & 1\end{pmatrix}$　（6）$\begin{pmatrix}3 & 2 & -2\\ -2 & -1 & 2\\ 1 & 1 & 0\end{pmatrix}$

行列の指数計算については

$$A=\begin{pmatrix}\lambda_1 & 0\\ 0 & \lambda_2\end{pmatrix}$$

とすると

$$A^2=\begin{pmatrix}\lambda_1{}^2 & 0\\ 0 & \lambda_2{}^2\end{pmatrix},\quad A^3=\begin{pmatrix}\lambda_1{}^3 & 0\\ 0 & \lambda_2{}^3\end{pmatrix},\quad \cdots\cdots$$

となり，一般に，対角行列の k 乗は，その対角要素の k 乗したものを対角要素とする対角行列となる。

すなわち

$$\begin{pmatrix}\lambda_1 & 0 & \cdots & 0\\ 0 & \lambda_2 & \cdots & 0\\ \vdots & \vdots & \ddots & \vdots\\ 0 & 0 & \cdots & \lambda_n\end{pmatrix}^k=\begin{pmatrix}\lambda_1{}^k & 0 & \cdots & 0\\ 0 & \lambda_2{}^k & \cdots & 0\\ \vdots & \vdots & \ddots & 0\\ 0 & 0 & \cdots & \lambda_n{}^k\end{pmatrix}$$

また，n 次の正方行列 A の n 乗を求めるとき，行列の対角化を用いてつぎのように求めることができる。

$P^{-1}AP=B$ が対角行列であれば

$$(P^{-1}AP)^n=(P^{-1}AP)(P^{-1}AP)\cdots(P^{-1}AP)=B^n$$

これより

$$P^{-1}A^nP=B^n$$

よって

$$A^n=PB^nP^{-1}$$

を得る。

問題 5.6 つぎの指数計算をせよ。

（1） $\begin{pmatrix} 3 & 0 \\ 0 & -2 \end{pmatrix}^5$ （2） $\begin{pmatrix} 2 & 1 \\ 1 & 2 \end{pmatrix}^7$

定理 5.5 ケーリー・ハミルトンの定理（Cayley-Hamilton's theorem）

n 次の正方行列の固有多項式が

$\phi_A(\lambda)=(-1)^n\lambda^n+a_{n-1}\lambda^{n-1}+\cdots+a_1\lambda+a_0$ であるとき

$\phi_A(A)=O$ が成り立つ。

すなわち

$$\phi_A(A)=(-1)^nA^n+a_{n-1}A^{n-1}+\cdots+a_1A+a_0E=O$$

である。

問題 5.7 ケーリー・ハミルトンの定理を用いて，$A=\begin{pmatrix} a_{11} & a_{12} \\ a_{21} & a_{22} \end{pmatrix}$ のとき，つぎの等式が成り立つことを示せ。

（1） $A^2=(a_{11}+a_{22})A-(a_{11}a_{22}-a_{12}a_{21})E$

（2） $A^{-1}=\dfrac{1}{a_{11}a_{22}-a_{12}a_{21}}(-A+(a_{11}+a_{22})E)$，ただし，$a_{11}a_{22}-a_{12}a_{21}\neq 0$ とする。

問題 5.8 問題 5.7 を用いて，つぎの行列の逆行列を求めよ。

（1） $\begin{pmatrix} 1 & 3 \\ 4 & 2 \end{pmatrix}$ （2） $\begin{pmatrix} 3 & -2 \\ -2 & 1 \end{pmatrix}$

n 次の正方行列 A が，$A{}^tA={}^tAA=E$ を満たすとき，すなわち，${}^tA=A^{-1}$ であるとき，行列 A を**直交行列**（orthogonal matrix）という。

このことから，A が直交行列であるならば

$$|A||{}^tA|=|A{}^tA|=|AA^{-1}|=|E|=1$$

また，$|A|=|{}^tA|$ であるから，$|A|=\pm 1$ を得る。

さらに，二つの行列 A，B が直交行列ならば，積 AB も直交行列であることがわかる。

ところで，n 次の対称行列 A の異なる固有値に対応する固有ベクトルは直交することがわかっている。すなわち，その相異なるベクトルの内積は 0 になる。さらに，おのおのの固有ベクトルを正規化し，これを用いて直交行列 P をつくると，前に述べたように，$P^{-1}AP={}^tPAP$ によって行列 A を対角化することができる。ここでは，直交行列 P を R で表すことにする。

問題 5.9　二つの行列 A，B が直交行列ならば，積 AB も直交行列であることを示せ。

問題 5.10　つぎの行列 A に対して，$R^{-1}AR$ が対角行列になるような直交行列 R および R^{-1} を求め，A を対角化せよ。

（1）$\begin{pmatrix} 1 & 2 \\ 2 & 1 \end{pmatrix}$　　（2）$\begin{pmatrix} 1 & \sqrt{3} \\ \sqrt{3} & -1 \end{pmatrix}$

文字 $x, y, z, \cdots$ に関する斉次 2 次式を **2 次形式**（quadratic form）という。例えば，ax^2+by^2+2cxy，$ax^2+by^2+cz^2+2dxy+2eyz+2fzx$ などがそれで

$$\begin{aligned} ax^2+by^2+2cxy &= ax^2+cxy+by^2+cxy \\ &= (ax+cy)x+(by+cx)y \\ &= (\,ax+cy, by+cx\,)\begin{pmatrix} x \\ y \end{pmatrix} \\ &= (\,x \quad y\,)\begin{pmatrix} a & c \\ c & b \end{pmatrix}\begin{pmatrix} x \\ y \end{pmatrix} \end{aligned}$$

と考えて，$\boldsymbol{x}=\begin{pmatrix} x \\ y \end{pmatrix}$，$A=\begin{pmatrix} a & c \\ c & b \end{pmatrix}$ とおくと

$$ax^2+by^2+2cxy={}^t\boldsymbol{x}A\boldsymbol{x}$$

となるが，行列 A はつねに対称行列となることがわかる。

同じく

$$ax^2+by^2+cz^2+2dxy+2eyz+2fzx=\begin{pmatrix} x & y & z \end{pmatrix}\begin{pmatrix} a & d & f \\ d & b & e \\ f & e & c \end{pmatrix}\begin{pmatrix} x \\ y \\ z \end{pmatrix}$$

となる。

n 次元のベクトル $\boldsymbol{x}$ に適当な**直交変換**（orthogonal transformation），を施すことにより，一般の 2 次形式 ${}^t\boldsymbol{x}A\boldsymbol{x}$ を**標準形**（normal form）

$$\alpha_1 {x_1}^2+\alpha_2 {x_2}^2+\cdots+\alpha_n {x_n}^2$$

に直すことを考えてみる。

まず，2 次形式 ${}^t\boldsymbol{x}A\boldsymbol{x}$ において，$\boldsymbol{x}=R\boldsymbol{x}'$ なる直交変換 R を行う。すると

$${}^t\boldsymbol{x}A\boldsymbol{x}={}^t(R\boldsymbol{x}')A(R\boldsymbol{x}')=({}^t\boldsymbol{x}'{}^tR)A(R\boldsymbol{x}')={}^t\boldsymbol{x}'({}^tRAR)\boldsymbol{x}'$$

ここで，直交変換 R が対称行列 A の直交行列であると，${}^tRAR$ は対角化された行列であり，その対角要素は固有値 $\alpha_1, \alpha_2, \cdots, \alpha_n$ となるので

$${}^t\boldsymbol{x}A\boldsymbol{x}={}^t\boldsymbol{x}'({}^tRAR)\boldsymbol{x}'$$

$$={}^t\boldsymbol{x}'\begin{pmatrix} \alpha_1 & & & \\ & \alpha_2 & & \mathrm{O} \\ & \mathrm{O} & \ddots & \\ & & & \alpha_n \end{pmatrix}\boldsymbol{x}'=\alpha_1 {x_1'}^2+\alpha_2 {x_2'}^2+\cdots+\alpha_n {x_n'}^2$$

の標準形を得る。

【例 5.3】

$$A=\begin{pmatrix} 2 & 1 \\ 1 & 2 \end{pmatrix}$$

とすると，2 次形式

$$\begin{pmatrix} x & y \end{pmatrix}\begin{pmatrix} 2 & 1 \\ 1 & 2 \end{pmatrix}\begin{pmatrix} x \\ y \end{pmatrix}=2x^2+2y^2+2xy$$

は，行列 A の固有ベクトルから，その直交行列は

$$R=\begin{pmatrix} \dfrac{1}{\sqrt{2}} & \dfrac{1}{\sqrt{2}} \\ -\dfrac{1}{\sqrt{2}} & \dfrac{1}{\sqrt{2}} \end{pmatrix}$$

となるので，$\boldsymbol{x}=R\boldsymbol{x}'$ から

$$\begin{pmatrix} x \\ y \end{pmatrix}=\begin{pmatrix} \dfrac{1}{\sqrt{2}} & \dfrac{1}{\sqrt{2}} \\ -\dfrac{1}{\sqrt{2}} & \dfrac{1}{\sqrt{2}} \end{pmatrix}\begin{pmatrix} x' \\ y' \end{pmatrix}$$

これは

$$\begin{cases} x=\dfrac{1}{\sqrt{2}}x'+\dfrac{1}{\sqrt{2}}y' \\ y=-\dfrac{1}{\sqrt{2}}x'+\dfrac{1}{\sqrt{2}}y' \end{cases}$$

であるから，これより

$$\begin{aligned} &2\left(\frac{1}{\sqrt{2}}x'+\frac{1}{\sqrt{2}}y'\right)^2+2\left(-\frac{1}{\sqrt{2}}x'+\frac{1}{\sqrt{2}}y'\right)^2 \\ &\quad+2\left(\frac{1}{\sqrt{2}}x'+\frac{1}{\sqrt{2}}y'\right)\left(-\frac{1}{\sqrt{2}}x'+\frac{1}{\sqrt{2}}y'\right) \\ &\quad=x'^2+3y'^2 \end{aligned}$$

となる。

さらに，2 次曲線 $2x^2+2y^2+2xy=1$ のグラフは，直交変換

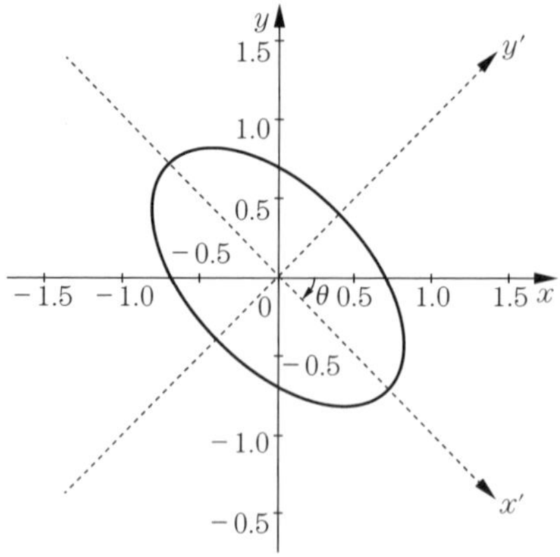

図 5.1

$$R=\begin{pmatrix} \dfrac{1}{\sqrt{2}} & \dfrac{1}{\sqrt{2}} \\ -\dfrac{1}{\sqrt{2}} & \dfrac{1}{\sqrt{2}} \end{pmatrix}=\begin{pmatrix} \cos\theta & -\sin\theta \\ \sin\theta & \cos\theta \end{pmatrix}$$

すなわち，座標軸を $\theta=-\dfrac{\pi}{4}$ 回転の変換によって，標準形 $x'^2+3y'^2=1$ で表すことができる（**図 5.1**）。 □

問題 5.11　つぎの 2 次形式を標準形にせよ。

（1）　$\begin{pmatrix} x & y \end{pmatrix}\begin{pmatrix} 1 & 2 \\ 2 & 1 \end{pmatrix}\begin{pmatrix} x \\ y \end{pmatrix}$　　（2）　$x^2+24xy-6y^2$

また，2 次曲線 $\begin{pmatrix} x & y \end{pmatrix}\begin{pmatrix} 1 & 2 \\ 2 & 1 \end{pmatrix}\begin{pmatrix} x \\ y \end{pmatrix}=1$，$x^2+24xy-6y^2=1$ のグラフも描け。

演　習　問　題

1.　$\begin{pmatrix} 3 \\ 1 \\ -6 \end{pmatrix}$ を $\begin{pmatrix} 1 \\ 2 \\ 5 \end{pmatrix}$，$\begin{pmatrix} 2 \\ 3 \\ 3 \end{pmatrix}$，$\begin{pmatrix} 2 \\ 2 \\ 3 \end{pmatrix}$ の 1 次結合で表せ。

2.　つぎの問いに答えよ。

（1）　$\begin{pmatrix} a \\ 1 \\ -2 \end{pmatrix}$，$\begin{pmatrix} a \\ -2 \\ 1 \end{pmatrix}$，$\begin{pmatrix} a-3 \\ 1 \\ 1 \end{pmatrix}$ が 1 次従属となるように定数 a の値を定めよ。

（2）　$\begin{pmatrix} 1 \\ 0 \\ b-4 \end{pmatrix}$，$\begin{pmatrix} -1 \\ b+1 \\ 5 \end{pmatrix}$，$\begin{pmatrix} b-3 \\ 3 \\ 3 \end{pmatrix}$ が 1 次従属となるように定数 b の値を定めよ。

3．つぎの行列 A の固有値，およびそのそれぞれに対応する固有ベクトルを求めよ。

$$A=\begin{pmatrix} 2 & -6 & 6 \\ 3 & -7 & 6 \\ 3 & -6 & 5 \end{pmatrix}$$

4．3 次行列 $A=\begin{pmatrix} a_{11} & a_{12} & a_{13} \\ a_{21} & a_{22} & a_{23} \\ a_{31} & a_{32} & a_{33} \end{pmatrix}$ の固有値を λ_1，λ_2，λ_3 とすると，定義より

$$\begin{vmatrix} a_{11}-\lambda & a_{12} & a_{13} \\ a_{21} & a_{22}-\lambda & a_{23} \\ a_{31} & a_{32} & a_{33}-\lambda \end{vmatrix}=(\lambda_1-\lambda)(\lambda_2-\lambda)(\lambda_3-\lambda)$$

が成り立つ。このことを用いて，つぎの（1），（2）を証明せよ。

（1）　$\lambda_1\lambda_2\lambda_3=|A|$

（2）　A が正則行列のとき，A のすべての固有値は 0 とは異なる。

5．λ が行列 A の固有値のとき，つぎの（1），（2）を証明せよ。

（1）　λ^2 は A^2 の固有値である。

（2）　A が正則であるならば，$\dfrac{1}{\lambda}$ は A^{-1} の固有値である。

6．$A=\begin{pmatrix} 4 & 2 \\ 1 & 3 \end{pmatrix}$ に対して $A^n\,(n=1,2,3,\cdots)$ を求めよ。

コラム

定数係数 2 階線形微分方程式

定数係数 2 階線形微分方程式

$$py''+qy'+ry=f(x),\quad 0\leqq x<\infty$$

初期条件：$y(0)=y_0$，$y'(0)=y'_0$

が与えられているものとする。これは，式の変形を行って

$$y''+\alpha y'+\beta y=\gamma f(x),\quad 0\leqq x<\infty$$

とする。

このとき，$\boldsymbol{z}=\begin{pmatrix} z_1 \\ z_2 \end{pmatrix}$，$\begin{cases} z_1=y \\ z_2=z_1'=y' \end{cases}$ と考えられるから

$$\begin{cases} z_1'=y'=z_2 \\ z_2'=y''=-\beta z_1-\alpha z_2+\gamma f(x) \end{cases}$$

これを行列表現として，つぎの状態方程式表現で表される。

$$\boldsymbol{z}'=A\boldsymbol{z}+\boldsymbol{b}f(x),\quad \boldsymbol{z}(0)=\boldsymbol{z}_0$$

$$y={}^t\boldsymbol{c}\boldsymbol{z}$$

ここで，$A=\begin{pmatrix} 0 & 1 \\ -\beta & -\alpha \end{pmatrix}$，$\boldsymbol{b}=\begin{pmatrix} 0 \\ \gamma \end{pmatrix}$，$\boldsymbol{c}=\begin{pmatrix} 1 \\ 0 \end{pmatrix}$

すなわち，2 階の微分方程式が，1 階の 2 次の連立線形微分方程式として状態方程式に書き直すことができる。

さらに，$f(x)\equiv 0$ の場合，この微分方程式は，$\boldsymbol{z}'=A\boldsymbol{z}$ となり，その一般解は，$\boldsymbol{z}(x)=e^{Ax}\boldsymbol{p}$，$\boldsymbol{p}$ は任意の 2 次元ベクトルで

$$e^{Ax}=E+Ax+\frac{1}{2}A^2x^2+\frac{1}{6}A^3x^3+\cdots+\frac{1}{n!}A^nx^n+\cdots$$

を用いて表すことができる。これを行列指数関数という。

(参考文献　志水清孝，鈴木昌和：常微分・偏微分方程式ノート，コロナ社 (1995))

6 線形写像

二つのベクトル空間 K^m から K^n への写像として線形性を満足する線形写像とは何かについて学ぶとともに，K^n の部分空間でもある線形写像の像 Im と K^m の部分空間でもある核 Ker，二つのベクトル空間 K^m から K^n への線形写像 f が K^m の基および K^n の基によって定まる線形写像 f の表現行列，さらに，表現行列の階数とベクトル空間の次元との関係，ベクトル空間の二つの異なる基に対する基変換行列までを学ぶ。

6.1 線形写像とは

二つの集合 X および Y が与えられていて，集合 X の任意の要素 x に対して集合 Y のちょうど一つの要素 y が対応する関係を f とするとき，この f を X から Y への写像または関数といい

$$f: X \longrightarrow Y$$

で表し，$x \in X$ が f によって $y \in Y$ に対応するならば，y を写像 f による x の像または関数値あるいは単に値といい

$$y = f(x)$$

で表す。これを

$$f: x \longmapsto y$$

と表すこともある。

f を K 上のベクトル空間 K^m から K^n への写像とし，K^m の任意のベクトル $\boldsymbol{x}$ に対して K^n のベクトル $\boldsymbol{y}$ を対応させる

$$f: K^m \longrightarrow K^n$$

$$f(\boldsymbol{x})=\boldsymbol{y}$$

を考える。

写像 f が

(1) $f(\boldsymbol{x}_1+\boldsymbol{x}_2)=f(\boldsymbol{x}_1)+f(\boldsymbol{x}_2)$

(2) $f(k\boldsymbol{x})=kf(\boldsymbol{x})$

を満たすとき，f を K^m から K^n への線形写像または1次写像といい，$m=n$ のとき，f を線形変換または1次変換という。

K^m から K^n への線形写像 f は，つぎを満足する。

(1) $f(\boldsymbol{0})=\boldsymbol{0}$

(2) $f(-\boldsymbol{x})=-f(\boldsymbol{x})$

(3) $f(k_1\boldsymbol{x}_1+k_2\boldsymbol{x}_2+\cdots+k_r\boldsymbol{x}_r)=k_1f(\boldsymbol{x}_1)+k_2f(\boldsymbol{x}_2)+\cdots+k_rf(\boldsymbol{x}_r)$

ここで，$\boldsymbol{x}_1, \boldsymbol{x}_2, \cdots, \boldsymbol{x}_r$ は K^m の任意のベクトル，$k_1, k_2, \cdots, k_r$ は K の任意の数とする。

【例 6.1】

(1) $f: K^2 \longrightarrow K^2$

$$f\left(\begin{pmatrix} x_1 \\ x_2 \end{pmatrix}\right)=\begin{pmatrix} 3x_1-2x_2 \\ x_1+4x_2 \end{pmatrix}$$

(2) $f: K^3 \longrightarrow K^2$

$$f\left(\begin{pmatrix} x_1 \\ x_2 \\ x_3 \end{pmatrix}\right)=\begin{pmatrix} x_1-2x_2+3x_3 \\ -3x_1+5x_2-4x_3 \end{pmatrix}$$

はそれぞれ K^2 から K^2，K^3 から K^2 へ線形写像である。

線形写像 $f: K^m \to K^n$ に対して K^m 全体の像 $f(K^m)$ を f の**像**（image）といい，$\mathrm{Im}\,f$ と表す。

$$\mathrm{Im}\,f=\{\boldsymbol{y} \mid \boldsymbol{y}\in K^n,\ \boldsymbol{y}=f(\boldsymbol{x}),\ \boldsymbol{x}\in K^m\}$$

また，K^n 上の $\boldsymbol{0}$ の原像 $f^{-1}(\boldsymbol{0})$ を f の**核**（kernel）といい，$\mathrm{Ker}\,f$ で表す。

$$\mathrm{Ker}\,f=\{\boldsymbol{x} \mid \boldsymbol{x}\in K^m,\ f(\boldsymbol{x})=\boldsymbol{0}\}$$ □

線形写像 f の像は K^n の部分空間であり，f の核は K^m の部分空間である。また，$\mathrm{Im}\,f$ が K^n 全体のとき f は上への写像であり，$\mathrm{Ker}\,f$ が $\{\boldsymbol{0}\}$ のときは，f は1対1の写像である。

6.2 表 現 行 列

任意の $n\times m$ 行列 A とベクトル空間 K^m, K^n に対して, K^m から K^n へ写像 $f_A: K^m\to K^n$ を $f_A(\boldsymbol{x})=A\boldsymbol{x}$ のように定義すると, f_A は線形写像となる。

例えば, $A=\begin{pmatrix}3 & -2\\ 1 & 4\end{pmatrix}$ とすれば, $f_A: K^2\to K^2$ は

$$f_A\left(\begin{pmatrix}x_1\\ x_2\end{pmatrix}\right)=A\begin{pmatrix}x_1\\ x_2\end{pmatrix}=\begin{pmatrix}3 & -2\\ 1 & 4\end{pmatrix}\begin{pmatrix}x_1\\ x_2\end{pmatrix}=\begin{pmatrix}3x_1-2x_2\\ x_1+4x_2\end{pmatrix}$$

となる。

K^m の基を $S=\{\boldsymbol{u}_1, \boldsymbol{u}_2, \cdots, \boldsymbol{u}_m\}$, K^n の基を $T=\{\boldsymbol{v}_1, \boldsymbol{v}_2, \cdots, \boldsymbol{v}_n\}$ とするとき, 線形写像 $f: K^m\to K^n$ は $\{f(\boldsymbol{u}_1), f(\boldsymbol{u}_2), \cdots, f(\boldsymbol{u}_m)\}$ によって定まり, $f(\boldsymbol{u}_1), f(\boldsymbol{u}_2), \cdots, f(\boldsymbol{u}_m)$ はそれぞれ $\{\boldsymbol{v}_1, \boldsymbol{v}_2, \cdots, \boldsymbol{v}_n\}$ の1次結合として表せるから

$$f(\boldsymbol{u}_1)=a_{11}\boldsymbol{v}_1+a_{21}\boldsymbol{v}_2+\cdots+a_{n1}\boldsymbol{v}_n=(\boldsymbol{v}_1, \boldsymbol{v}_2, \cdots, \boldsymbol{v}_n)\begin{pmatrix}a_{11}\\ a_{21}\\ \vdots\\ a_{n1}\end{pmatrix}$$

$$f(\boldsymbol{u}_2)=a_{12}\boldsymbol{v}_1+a_{22}\boldsymbol{v}_2+\cdots+a_{n2}\boldsymbol{v}_n=(\boldsymbol{v}_1, \boldsymbol{v}_2, \cdots, \boldsymbol{v}_n)\begin{pmatrix}a_{12}\\ a_{22}\\ \vdots\\ a_{n2}\end{pmatrix}$$

$$\vdots\qquad\qquad\vdots\qquad\qquad\vdots$$

$$f(\boldsymbol{u}_m)=a_{1m}\boldsymbol{v}_1+a_{2m}\boldsymbol{v}_2+\cdots+a_{nm}\boldsymbol{v}_n=(\boldsymbol{v}_1, \boldsymbol{v}_2, \cdots, \boldsymbol{v}_n)\begin{pmatrix}a_{1m}\\ a_{2m}\\ \vdots\\ a_{nm}\end{pmatrix}$$

であるから，f の行列は

$$A=\begin{pmatrix} a_{11} & a_{12} & \cdots & a_{1m} \\ a_{21} & a_{22} & \cdots & a_{2m} \\ \vdots & \vdots & \ddots & \vdots \\ a_{n1} & a_{n2} & \cdots & a_{nm} \end{pmatrix}$$

であり，この A を線形写像 f の**表現行列**という。特に，$m=n$ のとき，線形変換 f の表現行列という。

【例 6.2】 例6.1の（1），（2）の線形写像の標準基に対する表現行列を求めよ。

（1）
$$f(\boldsymbol{e}_1)=f\left(\begin{pmatrix} 1 \\ 0 \end{pmatrix}\right)=\begin{pmatrix} 3 \\ 1 \end{pmatrix},\quad f(\boldsymbol{e}_2)=f\left(\begin{pmatrix} 0 \\ 1 \end{pmatrix}\right)=\begin{pmatrix} -2 \\ 4 \end{pmatrix}$$

よって，求める表現行列は

$$A=\begin{pmatrix} 3 & -2 \\ 1 & 4 \end{pmatrix}$$

（2）
$$f(\boldsymbol{e}_1)=f\left(\begin{pmatrix} 1 \\ 0 \\ 0 \end{pmatrix}\right)=\begin{pmatrix} 1 \\ -3 \end{pmatrix},\quad f(\boldsymbol{e}_2)=f\left(\begin{pmatrix} 0 \\ 1 \\ 0 \end{pmatrix}\right)=\begin{pmatrix} -2 \\ 5 \end{pmatrix},$$

$$f(\boldsymbol{e}_3)=f\left(\begin{pmatrix} 0 \\ 0 \\ 1 \end{pmatrix}\right)=\begin{pmatrix} 3 \\ -4 \end{pmatrix}$$

これより

$$f(\boldsymbol{e}_1)=(\boldsymbol{e}_1,\ \boldsymbol{e}_2)\begin{pmatrix} 1 \\ -3 \end{pmatrix},\quad f(\boldsymbol{e}_2)=(\boldsymbol{e}_1,\ \boldsymbol{e}_2)\begin{pmatrix} -2 \\ 5 \end{pmatrix},\quad f(\boldsymbol{e}_3)=(\boldsymbol{e}_1,\ \boldsymbol{e}_2)\begin{pmatrix} 3 \\ -4 \end{pmatrix}$$

よって，求める表現行列は

$$A=\begin{pmatrix} 1 & -2 & 3 \\ -3 & 5 & -4 \end{pmatrix}$$

□

K^m の任意のベクトル $\boldsymbol{x}$ に対して，基 S に対する成分表示が

$$\boldsymbol{x}=\begin{pmatrix} x_1 \\ x_2 \\ \vdots \\ x_m \end{pmatrix}=x_1\boldsymbol{u}_1+x_2\boldsymbol{u}_2+\cdots+x_m\boldsymbol{u}_m=\sum_{i=1}^{m}x_i\boldsymbol{u}_i$$

とすると，基 T に対する像ベクトル y の成分表示は

$$\begin{aligned}\boldsymbol{y}&=y_1\boldsymbol{v}_1+y_2\boldsymbol{v}_2+\cdots+y_n\boldsymbol{v}_n\\ &=f(\boldsymbol{x})=f(x_1\boldsymbol{u}_1+x_2\boldsymbol{u}_2+\cdots+x_m\boldsymbol{u}_m)=x_1f(\boldsymbol{u}_1)+x_2f(\boldsymbol{u}_2)+\cdots+x_mf(\boldsymbol{u}_m)\\ &=(f(\boldsymbol{u}_1),\ f(\boldsymbol{u}_2),\ \cdots,\ f(\boldsymbol{u}_m))\begin{pmatrix} x_1 \\ x_2 \\ \vdots \\ x_m \end{pmatrix}\\ &=(\boldsymbol{v}_1,\ \boldsymbol{v}_2,\ \cdots,\ \boldsymbol{v}_n)\begin{pmatrix} a_{11} & a_{12} & \cdots & a_{1m} \\ a_{21} & a_{22} & \cdots & a_{2m} \\ \vdots & \vdots & & \\ a_{n1} & a_{n2} & \cdots & a_{nm} \end{pmatrix}\begin{pmatrix} x_1 \\ x_2 \\ \vdots \\ x_m \end{pmatrix}\end{aligned}$$

これより

$$\begin{pmatrix} y_1 \\ y_2 \\ \vdots \\ y_n \end{pmatrix}=\begin{pmatrix} a_{11} & a_{12} & \cdots & a_{1m} \\ a_{21} & a_{22} & \cdots & a_{2m} \\ \vdots & \vdots & & \\ a_{n1} & a_{n2} & \cdots & a_{nm} \end{pmatrix}\begin{pmatrix} x_1 \\ x_2 \\ \vdots \\ x_m \end{pmatrix}$$

で求めることができる。

定 理 6.1　線形写像 $f: K^m \to K^n$ に対して，そのおのおのの基 S，T に関する表現行列を A とするとき（**図 6.1**）

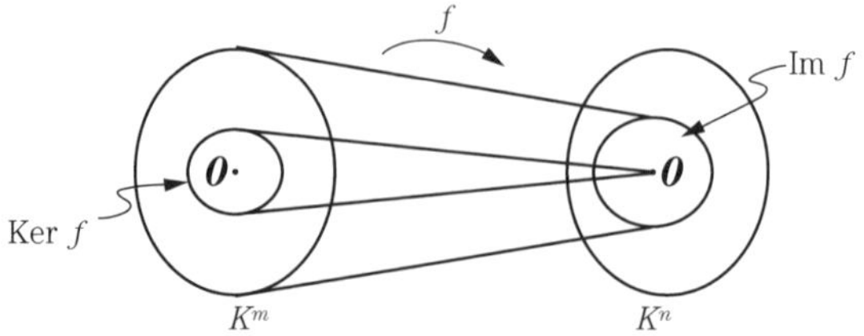

図 6.1

（1）　$\dim(\mathrm{Im}\, f) = \mathrm{rank}\, A$

（2）　$\dim(\mathrm{Ker}\, f) = m - \mathrm{rank}\, A$

が成り立つ。

問題 6.1
例 6.1（1）の K^2 の基を $\left\{\begin{pmatrix} 1 \\ -1 \end{pmatrix}, \begin{pmatrix} 1 \\ 1 \end{pmatrix}\right\}$ としたときの，線形写像 f の表現行列を求めよ。

問題 6.2
例 6.1（2）の K^3 の基を $\left\{\begin{pmatrix} 1 \\ 0 \\ 1 \end{pmatrix}, \begin{pmatrix} 0 \\ -1 \\ 1 \end{pmatrix}, \begin{pmatrix} 1 \\ 1 \\ 1 \end{pmatrix}\right\}$ とし，K^2 の基は問題 6.1 と同じものであるとして，線形写像 f の表現行列を求めよ。

【例 6.3】　例 6.1（2）の核 $\mathrm{Ker}\, f$ と像 $\mathrm{Im}\, f$ を求めよ。

$f : K^3 \to K^2$ において

$$f\left(\begin{pmatrix} x_1 \\ x_2 \\ x_3 \end{pmatrix}\right) = \begin{pmatrix} y_1 \\ y_2 \end{pmatrix} = \begin{pmatrix} x_1 - 2x_2 + 3x_3 \\ -3x_1 + 5x_2 - 4x_3 \end{pmatrix} \text{であるから}$$

$$\begin{pmatrix} y_1 \\ y_2 \end{pmatrix} = \begin{pmatrix} x_1 - 2x_2 + 3x_3 \\ -3x_1 + 5x_2 - 4x_3 \end{pmatrix} = \boldsymbol{0} \quad \text{すなわち，} \begin{cases} x_1 - 2x_2 + 3x_3 = 0 \\ -3x_1 + 5x_2 - 4x_3 = 0 \end{cases} \text{より}$$

$$\left(\begin{array}{ccc|c} 1 & -2 & 3 & 0 \\ -3 & 5 & -4 & 0 \end{array}\right) R_1 \times 3 + R_2 \to R_2 \left(\begin{array}{ccc|c} 1 & -2 & 3 & 0 \\ 0 & -1 & 5 & 0 \end{array}\right) R_2 \times (-2) + R_1 \to R_1$$

$$\left(\begin{array}{ccc|c} 1 & 0 & -7 & 0 \\ 0 & -1 & 5 & 0 \end{array}\right)$$

よって，$x_1 = 7x_3$，$x_2 = 5x_3$ が得られる。

ここで，$x_3 = t$ とおくと $\begin{pmatrix} x_1 \\ x_2 \\ x_3 \end{pmatrix} = \begin{pmatrix} 7t \\ 5t \\ t \end{pmatrix} = t\begin{pmatrix} 7 \\ 5 \\ 1 \end{pmatrix}$ であるから

$$\mathrm{Ker}\, f = \left\{ \boldsymbol{x} \,\middle|\, \boldsymbol{x} = t\begin{pmatrix} 7 \\ 5 \\ 1 \end{pmatrix},\ t \text{ は任意の実数} \right\}$$

となる。

さらに，K^3，K^2 の標準基における f の表現行列 A は

$$f: \begin{pmatrix} x_1 \\ x_2 \\ x_3 \end{pmatrix} \longmapsto \begin{pmatrix} x_1-2x_2+3x_3 \\ -3x_1+5x_2-4x_3 \end{pmatrix} \quad \text{より}$$

$$A=\begin{pmatrix} 1 & -2 & 3 \\ -3 & 5 & -4 \end{pmatrix}, \text{ その階数は，} \mathrm{rank}\,A=2 \text{ であるから}$$

$$\mathrm{Im}\,f=\left[\begin{pmatrix} 1 \\ -3 \end{pmatrix}, \begin{pmatrix} -2 \\ 5 \end{pmatrix}\right]$$

□

問題 6.3 $f: K^3 \to K^2$ において，核 Ker f と像 Im f を求めよ。

（1）$$f\left(\begin{pmatrix} x_1 \\ x_2 \\ x_3 \end{pmatrix}\right)=\begin{pmatrix} x_1+2x_2-3x_3 \\ 2x_1+4x_2-6x_3 \end{pmatrix}$$

（2）$$f\left(\begin{pmatrix} x_1 \\ x_2 \\ x_3 \end{pmatrix}\right)=\begin{pmatrix} -2x_1+x_2-x_3 \\ x_1-3x_2-5x_3 \end{pmatrix}$$

問題 6.4 つぎの表現行列 A で与えられる線形写像 f_A の核 Ker f_A と像 Im f_A を求めよ。

（1）$$\begin{pmatrix} 1 & -1 & 2 \\ 3 & 1 & -4 \\ -1 & 2 & 5 \end{pmatrix}$$
（2）$$\begin{pmatrix} -2 & 3 & 1 \\ 1 & 5 & -2 \\ 3 & 2 & -3 \end{pmatrix}$$
（3）$$\begin{pmatrix} 3 & -1 & -2 & 4 \\ -2 & 4 & 3 & -5 \\ 1 & 3 & 1 & -1 \end{pmatrix}$$

6.3 基変換行列

K^m の二つの基を $S=\{\boldsymbol{u}_1, \boldsymbol{u}_2, \cdots, \boldsymbol{u}_m\}$，$S'=\{\boldsymbol{u}_1', \boldsymbol{u}_2', \cdots, \boldsymbol{u}_m'\}$ とするとき，ベクトル $\boldsymbol{x}$ のおのおのの基に関する成分表示は

$$\boldsymbol{x}=x_1\boldsymbol{u}_1+x_2\boldsymbol{u}_2+\cdots+x_m\boldsymbol{u}_m=x_1'\boldsymbol{u}_1'+x_2'\boldsymbol{u}_2'+\cdots+x_m'\boldsymbol{u}_m'$$

さらに

$$\begin{aligned} \boldsymbol{u}_1'&=p_{11}\boldsymbol{u}_1+p_{21}\boldsymbol{u}_2+\cdots+p_{m1}\boldsymbol{u}_m \\ \boldsymbol{u}_2'&=p_{12}\boldsymbol{u}_1+p_{22}\boldsymbol{u}_2+\cdots+p_{m2}\boldsymbol{u}_m \\ &\vdots \\ \boldsymbol{u}_m'&=p_{1m}\boldsymbol{u}_1+p_{2m}\boldsymbol{u}_2+\cdots+p_{mm}\boldsymbol{u}_m \end{aligned}$$

であるから

$$(\boldsymbol{u}_1', \boldsymbol{u}_2', \cdots, \boldsymbol{u}_m') = (\boldsymbol{u}_1, \boldsymbol{u}_2, \cdots, \boldsymbol{u}_m)\begin{pmatrix} p_{11} & p_{12} & \cdots & p_{1m} \\ p_{21} & p_{22} & \cdots & p_{2m} \\ \vdots & \vdots & \ddots & \vdots \\ p_{m1} & p_{m2} & \cdots & p_{mm} \end{pmatrix}$$
$$= (\boldsymbol{u}_1, \boldsymbol{u}_2, \cdots, \boldsymbol{u}_m)P$$

この行列 P を**基変換行列**という。

さらに，K^n の二つの基を $T=\{\boldsymbol{v}_1, \boldsymbol{v}_2, \cdots, \boldsymbol{v}_n\}$，$T'=\{\boldsymbol{v}_1', \boldsymbol{v}_2', \cdots, \boldsymbol{v}_n'\}$ とするとき，上記と同様に，ベクトル $\boldsymbol{y}$ の二つの基による成分表示から

$$(\boldsymbol{v}_1', \boldsymbol{v}_2', \cdots, \boldsymbol{v}_n') = (\boldsymbol{v}_1, \boldsymbol{v}_2, \cdots, \boldsymbol{v}_n)Q$$

ここで，行列 Q は，基変換行列である。

いま，線形写像 $f: K^m \to K^n$ に対して，二つの基 S，T に関する f の表現行列を A とする。成分表示について，**図 6.2** のような関係において，二つの基 S'，T' に関する f の表現行列 B を考えてみる。

$$\begin{aligned}&(f(\boldsymbol{u}_1), f(\boldsymbol{u}_2), \cdots, f(\boldsymbol{u}_m)) \\ &\quad = (\boldsymbol{v}_1, \boldsymbol{v}_2, \cdots, \boldsymbol{v}_n)A \\ &\quad = (\boldsymbol{v}_1', \boldsymbol{v}_2', \cdots, \boldsymbol{v}_n')Q^{-1}A\end{aligned}$$

よって

$$\begin{aligned}&(f(\boldsymbol{u}_1'), f(\boldsymbol{u}_2'), \cdots, f(\boldsymbol{u}_m')) \\ &\quad = (f(\boldsymbol{u}_1), f(\boldsymbol{u}_2), \cdots, f(\boldsymbol{u}_m))P \\ &\quad = (\boldsymbol{v}_1', \boldsymbol{v}_2', \cdots, \boldsymbol{v}_n')Q^{-1}AP\end{aligned}$$

以上より，求める表現行列は，$B=Q^{-1}AP$ であることがわかる。

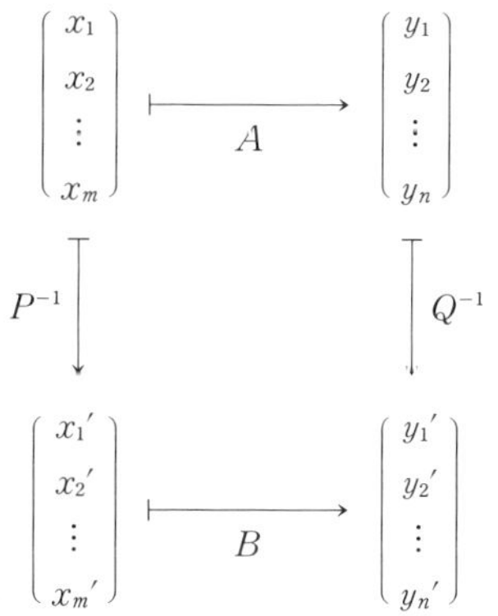

図 6.2

問題 6.5　基変換行列を求めよ。

（1）　標準基から $\left\{\begin{pmatrix} 1 \\ -1 \end{pmatrix}, \begin{pmatrix} 1 \\ 1 \end{pmatrix}\right\}$ への基変換行列

（2）　標準基から $\left\{\begin{pmatrix} 1 \\ 0 \\ 1 \end{pmatrix}, \begin{pmatrix} 0 \\ -1 \\ 1 \end{pmatrix}, \begin{pmatrix} 1 \\ 1 \\ 1 \end{pmatrix}\right\}$ への基変換行列

問題 6.6

例 6.1 の（2）において，S を標準基，S' を $\left\{\begin{pmatrix}1\\0\\1\end{pmatrix},\begin{pmatrix}0\\-1\\1\end{pmatrix},\begin{pmatrix}1\\1\\1\end{pmatrix}\right\}$，$T$ を標準基，T' を $\left\{\begin{pmatrix}1\\-1\end{pmatrix},\begin{pmatrix}1\\1\end{pmatrix}\right\}$ として，基 S'，T' に関する f の表現行列 B を求めよ。

演 習 問 題

1． つぎの写像が線形写像であるかどうかを調べよ。

（1） $f\left(\begin{pmatrix}x_1\\x_2\end{pmatrix}\right)=\begin{pmatrix}x_1\\x_2+1\end{pmatrix}$ （2） $f\left(\begin{pmatrix}x_1\\x_2\end{pmatrix}\right)=\begin{pmatrix}x_1x_2\\x_2\end{pmatrix}$

（3） $f\left(\begin{pmatrix}x_1\\x_2\end{pmatrix}\right)=\begin{pmatrix}3x_1-x_2\\x_2\end{pmatrix}$ （4） $f\left(\begin{pmatrix}x_1\\x_2\end{pmatrix}\right)=\begin{pmatrix}{x_1}^2\\x_2\end{pmatrix}$

（5） $f\left(\begin{pmatrix}x_1\\x_2\\x_3\end{pmatrix}\right)=\begin{pmatrix}2x_1+x_2\\x_2-3x_3\end{pmatrix}$

2． $f\left(\begin{pmatrix}x_1\\x_2\\x_3\end{pmatrix}\right)=\begin{pmatrix}x_1-2x_2+3x_3\\2x_1-x_3\end{pmatrix}$ で定義される線形写像 $f：K^3\to K^2$ のつぎの基に関する表現行列 A を求めよ。

K^3 の基 $\left\{\begin{pmatrix}3\\-1\\0\end{pmatrix},\begin{pmatrix}-3\\1\\1\end{pmatrix},\begin{pmatrix}1\\0\\-2\end{pmatrix}\right\}$， K^2 の基 $\left\{\begin{pmatrix}2\\1\end{pmatrix},\begin{pmatrix}5\\3\end{pmatrix}\right\}$

3． つぎの線形写像 $f：K^3\to K^3$ において，核 $\mathrm{Ker}\,f$ と像 $\mathrm{Im}\,f$ を求めよ。

$$f\left(\begin{pmatrix}x_1\\x_2\\x_3\end{pmatrix}\right)=\begin{pmatrix}2x_1+x_2+x_3\\-x_2+x_3\\-x_1-x_2\end{pmatrix}$$

コ ラ ム

アフィン変換（Affine Transformation）

線形変換に平行移動が加わった

$$\begin{pmatrix} x \\ y \end{pmatrix} \longmapsto \begin{pmatrix} x' \\ y' \end{pmatrix} = \begin{pmatrix} a_{11} & a_{12} \\ a_{21} & a_{22} \end{pmatrix} \begin{pmatrix} x \\ y \end{pmatrix} + \begin{pmatrix} b_1 \\ b_2 \end{pmatrix}$$

を**アフィン変換**という。

平行移動，回転移動，対称移動は合同変換といわれ，アフィン変換の一部である。また，拡大・縮小などの相似変換もアフィン変換の仲間である。アフィン変換は，合同変換，相似変換のほかに一方方向への伸縮，ずらし変換がある。**図 6.3** は「十進 BASIC」を用いてアフィン変換の一部をプログラミングしたものである。

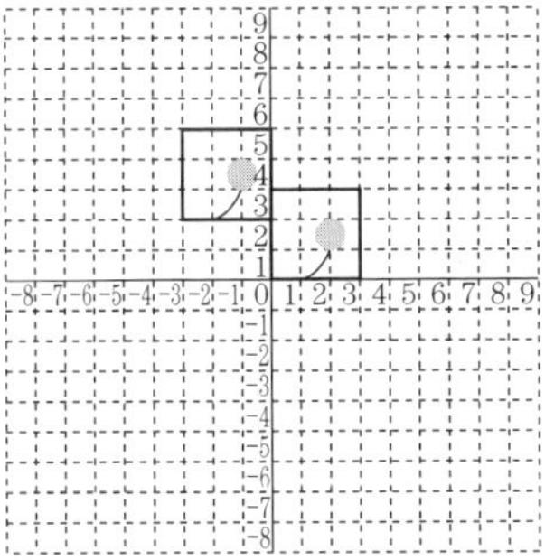

（a）$\begin{pmatrix} -3 \\ 2 \end{pmatrix}$の平行移動

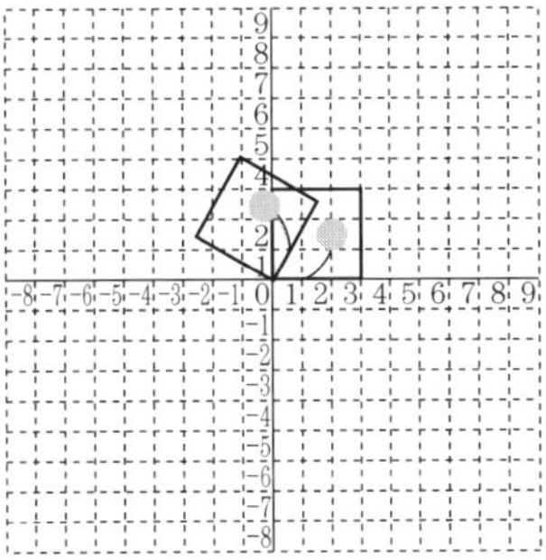

（b） 60°の回転

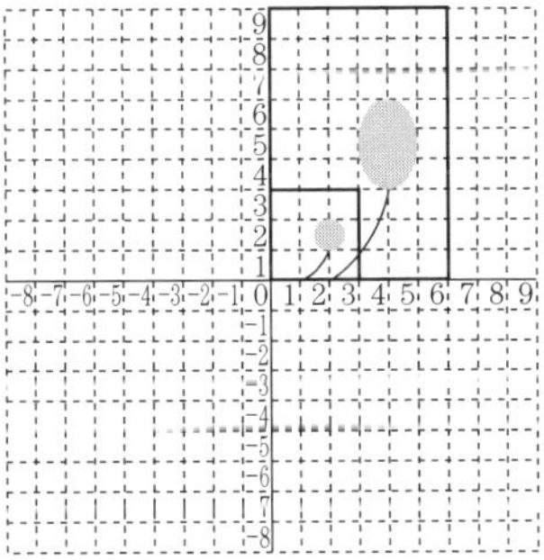

（c） x 軸に 2 倍，y 軸に 3 倍のスケーリング

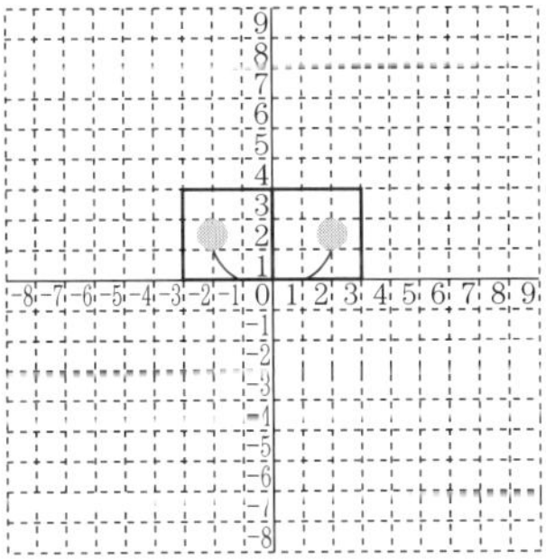

（d） y 軸に関する鏡像

図 6.3

(参考文献　木村良夫：パソコンを遊ぶ簡単プログラミング―コンピュータを自由に操る「十進 BASIC」入門―ブルーバックス，講談社（2003）)

付　　　　録

1. 集合と関係

A. 集合と要素

集合（set）とは物の集まりと考えるが，ここでいう物とはその集合の**要素**（element）あるいは**元**と呼ばれる。私たちは普通，集合には大文字 $A, B, C, \cdots, X, Y, Z$ などを用い，要素には小文字 $a, b, c, \cdots, x, y, z$ などを用いる。"x が S の要素である"，あるいは "x が S に含まれる" ということを

$$x \in S$$

と書く。その否定すなわち，x が集合 S の要素でないことを，$x \notin S$ と書く。また，集合は，その要素が何であるかが述べられたとき明確に定められる。であるから，もし，二つの集合 A と B がまったく同じ要素を持つとき A と B は等しく，$A=B$ と書ける。もし等しくないならば $A \neq B$ と書く。

集合の内容の表し方に二つの方法がある。まず一つは，特に有限集合の場合に，その集合の要素をすべて書き表し示す方法（**外延的形式**，explicit form）がある。例えば，集合 A が要素 a, b, c のみを含んでいるときに

$$A=\{a,\ b,\ c\}$$

と表す。もう一つは，その集合の要素を特徴付ける性質を述べる方法（**内包的形式**，implicit form）がある。例えば

$$B=\{x \mid x \text{ 整数},\ x>0\}$$

などと表す。これが，集合 B が，その要素が正の整数であることを述べたことになる。

【例 1.1】 集合 $A=\{x \mid x^2-3x+2=0\}$ とすると，この集合 A の要素は 2 次方程式 $x^2-3x+2=0$ の解である。このことから $A=\{1,\ 2\}$ とも書ける。

【例 1.2】

（1） $B=\{x \mid x \text{ は整数},\ 1 \leqq x \leqq 5\}=\{1,\ 2,\ 3,\ 4,\ 5\}$

（2）　$C=\{2x \mid x$ は整数$\}=\{\cdots -4, -2, 0, 2, 4, \cdots\}$

B. 全体集合と空集合

普通，集合論の話しをする場合，特定の条件のもとに，そこにおける集合を考えるわけだが，その特定の条件のもとに，ある特定の集合をもって**全体集合**（universal set）とする。例えば，平面幾何において平面上のすべての点の集合を全体集合としたり，また人口問題を考えるときに世界の人口を全体集合とするなどがこれである。ここでは，全体集合を U で表す。

例えば，全体集合 U を整数全体（通常 $\boldsymbol{Z}$ で表す）としよう。ここで，もし

$$S=\{x \mid x^2-5=0\}$$

なる集合を考えたとすると，S は U の要素を一つも持たないことになる。このように，全体集合 U がどのような集合であるかが集合 S を考えるうえで非常に大切になってくるわけである。この例の場合，S は U の要素を一つも含まないことになるが，この U の要素を一つも含まない集合を**空集合**（empty set）と呼び，ϕ で表す。もし，二つの集合 S と T が空集合ならば，$S=T$ といえる。

上の例で，全体集合 U を実数全体（通常 $\boldsymbol{R}$ で表す）とすると，S は空集合にはならない。この場合 $S=\{\sqrt{5}, -\sqrt{5}\}$ となる。

C. 部 分 集 合

二つの集合，A，B が与えられていて，集合 A のすべての要素が集合 B の要素であるとき，A は B の**部分集合**（subset）といい，A は B に含まれるとか，B は A を含む，とかいい，つぎのように表す。

$$A \subset B \text{ あるいは } B \supset A$$

もし集合 A の要素の一つでも集合 B の要素ではないときには，A は B の部分集合ではなく，A は B に含まれないとか，B は A を含まないとかいい，つぎのように表す。

$$A \not\subset B \text{ あるいは } B \not\supset A$$

特に，$A \subset B$ で $A \neq B$ であるときには，集合 A は集合 B の**真部分集合**（proper subset）であるという。

【例 1.3】　三つの集合 $A=\{1, 2, 3, 4, 5\}$，$B=\{2, 4, 6, 8\}$，$C=\{2, 4\}$ が与えられているとき

$$C \subset A, \quad C \subset B$$

であるが，$B \not\subset A$，$A \not\subset B$ であり，もちろん $A \not\subset C$，$B \not\subset C$ である。

【例 1.4】　二つの集合 $E=\{2, 4, 6\}$，$F=\{6, 4, 2\}$ が与えられているとき，$E \subset F$ であり，かつ $E \supset F$ でもあることが部分集合の定義からわかる。もちろんこれによって $E=F$ である。このことからわかるように，すべての集合は，自分自身を部分集合にもつ。

定 理 付 1.1　全体集合を U とし，その任意の部分集合を A，B，C とすると

（1）　$\phi \subset A \subset U$

（2）　$A \subset A$

（3）　もし，$A \subset B$ であり，かつ $B \subset C$ ならば $A \subset C$

（4）　$A=B$ である必要十分条件は $A \subset B$ であり，かつ $B \subset A$

D. ベ　ン　図

全体集合 U を長方形の内部で表し，部分集合をその内部に円で表す。このようにして表された図を**ベン図**（Venn diagram）と呼ぶ。

例えば，二つの集合 A，B が与えられ，その関係が（a）$A \subset B$，（b）A と B が交わらない，（c）A と B が交わる，場合が**付図 1.1** のように表される〔(b)，（c）についてはつぎのセクションで詳しく説明する〕。

多くの場合，集合どうしの関係等をベン図で表すことができるし，また，定理の簡単な証明の手段としても用いられることがある。

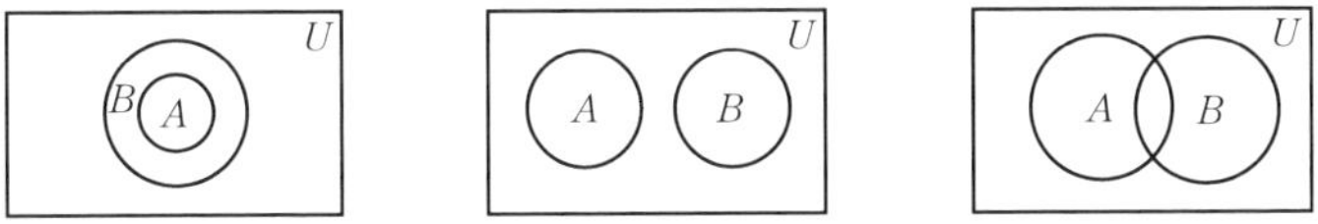

（a）　　（b）　　（c）

付図 1.1

E.　和集合と積集合

与えられた二つの集合 A，B の**和集合**（合併集合，union，cup）を $A\cup B$ で表す。この和集合は，A の要素と B の要素のみから成る集合を表し

$$A\cup B=\{x\,|\,x\in A \text{ または } x\in B\}$$

と書く。

ここで使用している“または”の言葉の意味は“かつ”も含まれていることを忘れないようにしていほしい。

二つの集合 A，B の**積集合**（共通集合，intersection，cap）を $A\cap B$ で表す。この積集合は，A と B の両者に含まれる要素の集合を表し

$$A\cap B=\{x\,|\,x\in A \text{ かつ } x\in B\}$$

または，“かつ”を除いて単に“，”を用いる場合がある。

前述したベン図を使用して和集合と積集合を表すと，**付図 1.2** の斜線部分のようになる。

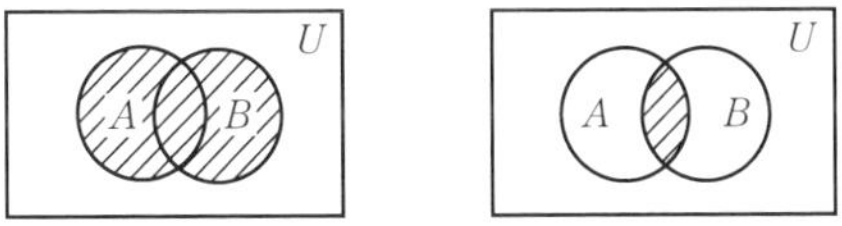

$A\cup B$　　$A\cap B$

付図 1.2

例えば

$$A=\{1, 2, 3, 4, 5\},\quad B=\{2, 4, 6, 8\}$$

とすると

$$A\cup B=\{1, 2, 3, 4, 5, 6, 8\},\quad A\cap B=\{2, 4\}$$

である。

定理 **付 1.2**　集合 A, B について，つぎの各事項は必要十分条件である。

（1）　$A \subset B$

（2）　$A \cap B = A$

（3）　$A \cup B = B$

問題付 1.1　定理付 1.2 をベン図を用いて確かめよ。

F. 補　集　合

全体集合 U と，その部分集合 A が与えられているとき，A の**補集合**(complement) を $\bar{A}$ で表す。$\bar{A}$ は A に含まれない要素の全体を表すもので

$$\bar{A} = \{x \mid x \notin A\}$$

である。ベン図を使用すると**付図 1.3** の斜線部分のようになる。

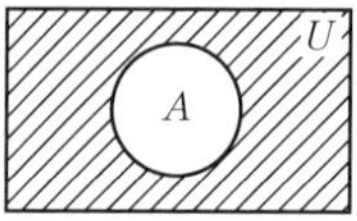

$\bar{A}$

付図 1.3

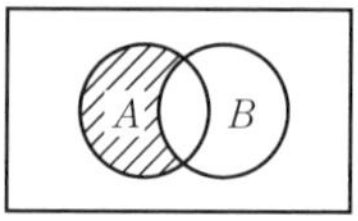

$A \backslash B$

付図 1.4

また，集合 A に含まれていて，集合 B に含まれていない要素の集合を A に対する B の補集合（簡単に，A と B の**差集合**（difference）ともいう）といい，$A \backslash B$ で表す。

$$A \backslash B = \{x \mid x \in A,\ x \notin B\}$$

ベン図では**付図 1.4** の斜線部分のようになる。

（備考）　A', A^c で補集合を，$A \sim B$, $A - B$ で差集合を表すこともある。

【例 1.5】　$U = \{1, 2, 3, 4, 5\}$

$$A = \{1, 2, 3\},\ B = \{2, 3, 4\}$$

とすると

$$A \cup B = \{1, 2, 3, 4\}$$

$A \cap B = \{2, 3\}$

$A \backslash B = \{1\}$

$B \backslash A = \{4\}$

$\bar{A} = \{4, 5\}$, $\bar{B} = \{1, 5\}$

定 理　付 1.3　ド・モルガン（De Morgan）の法則

全体集合を U，その任意の部分集合を A，B とすると

（1）　$\overline{A \cup B} = \bar{A} \cap \bar{B}$

（2）　$\overline{A \cap B} = \bar{A} \cup \bar{B}$

【式（1）の証明】　ベン図を用いて**付図 1.5**，**付図 1.6** に斜線部分で示すと

左　辺

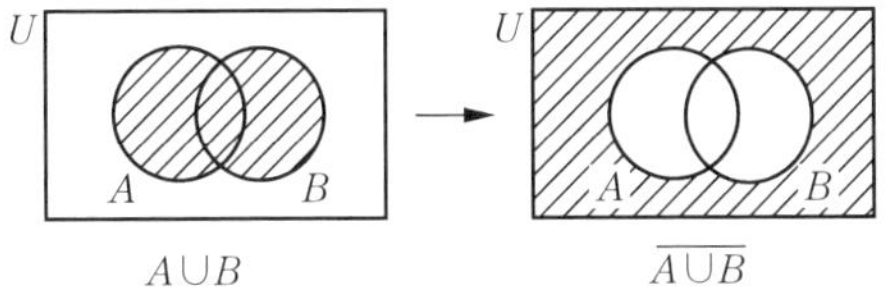

付図 1.5

右　辺

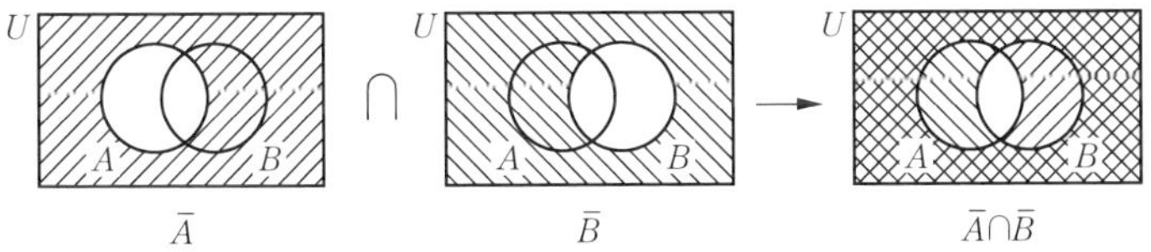

付図 1.6

となり，左辺と右辺の最後のベン図が等しいことがわかる。これによって式（1）が成立することが示された。

問題付 1.2　同様にして，定理付 1.3 の式（2）をベン図を用いて確かめよ。

G. 双　対　性

いままで学習してきたものをも含めて集合の関係式を以下に列記する。ここ

で注意をして見てほしいのは，（1）〜（9）までのおのおのの式において ∪，∩，U，ϕ のおのおのを ∩，∪，ϕ，U に変えることにより，（1）′〜（9）′ の式が得られることである。これは，集合における**双対性**（duality）といわれる。これによって，例えば与えられた定理に対して，双対性を使用すると，もう一つの定理がすぐに得られる。

これらの一つ一つの式についてここでは証明はしないが，詳しい証明を知りたい読者は集合論の本であればどの本にでも載っているので調べるとよい。また，先に述べたベン図を用いれば簡単な証明ができるので，一度確かめられたらよい演習になると思う。

（1）　$A \cup B = A$　　　（1）′　$A \cap A = A$

（2）　$(A \cup B) \cup C = A \cup (B \cup C)$　　　（2）′　$(A \cap B) \cap C = A \cap (B \cap C)$

（3）　$A \cup B = B \cup A$　　　（3）′　$A \cap B = B \cap A$

（4）　$A \cup (B \cap C) = (A \cup B) \cap (A \cup C)$　　　（4）′　$A \cap (B \cup C) = (A \cap B) \cup (A \cap C)$

（5）　$A \cup \phi = A$　　　（5）′　$A \cap U = A$

（6）　$A \cup U = U$　　　（6）′　$A \cap \phi = \phi$

（7）　$A \cup \bar{A} = U$　　　（7）′　$A \cap \bar{A} = \phi$

（8）　$\bar{U} = \phi$　　　（8）′　$\bar{\phi} = U$

（9）　$\overline{A \cup B} = \bar{A} \cap \bar{B}$　　　（9）′　$\overline{A \cap B} = \bar{A} \cup \bar{B}$

（10）　$\bar{\bar{A}} = A$

H．関係のいろいろ

集合 A において，$R = \{(a, a) \mid a \in A\}$ を**恒等関係**（identity relation）という。また，$A \times A$ や ϕ も直積 $A \times A$ の部分集合と考えられるから，それぞれ**全体関係**（universal relation），**空関係**（empty relation）といわれる。

集合 A から B への関係を R とすると，関係 R^{-1} を関係 R の**逆関係**（inverse relation）と呼び，つぎのように定義する。

$$R^{-1} = \{(b, a) \mid (a, b) \in R\}$$

前述の例では，$R^{-1} = \{(2, a), (2, b), (2, c)\}$ となる。

関係の中でも，集合 A から集合 B への関係 R が A を定義域とし，A のそれぞれの要素 a に，集合 B の要素 b をただ一つ対応させるとき，すなわち関係 R に順序対（a, b）がそれぞれの要素 $a \in A$ に対してただ一つ存在するとき，この関係 R を**関数**（function）と呼び，また，この関係 R は直積 $A \times B$ の部分集合として関数の**グラフ**ともいわれる。例えば，集合 $A=\{a, b, c, d\}$ から集合 $B=\{1, 2, 3\}$ への関係 R がつぎのように定義されているとする。

$$R=\{(a, 3), (b, 2), (c, 2), (d, 3)\}$$

これは関数の定義より確かに関数であり，この関数のグラフは R である。しかし，この場合の逆関係 $R^{-1}=\{(3, a), (2, b), (2, c), (3, d)\}$ は関数ではない。

I. 関係の表現方法

実数における2項関係は座標平面上 $\boldsymbol{R}^2$ にグラフとして表すことができる。例えば，関係 $R_1=\{(x, y) \mid x^2+y^2=1\}$ は単位円周上のすべての点の集合を表すことになるし，関係 $R_2=\{(x, y) \mid y=x^2\}$ は放物線のグラフを表すことになる。ところで，関係 R_2 は関数であるが，関係 R_1 は関数ではないことは自明である。

さらに，有限集合における2項関係はグラフ理論とも深くかかわっているが，ここでは，2項関係を中心にしたアプローチを紹介するにとどめておく。

【定義】 集合 A とその上の2項関係 R とによる順序対 $D=\langle A, R\rangle$ を**方向対グラフ**〔あるいは**ダイグラフ**（digraph）〕という。このとき，集合 A の要素を D の**頂点**〔あるいは**ノード**（node）〕，R の要素は D の**有向辺**〔あるいは**アーク**（arc）〕といい，その関係 R は D の**接続関係**（incident relation）であるといわれる。

集合 A が有限のとき D は有限方向付グラフといわれるが，例えば，アーク $(a, b) \in R$ は a から b への矢線で**付図 1.7** のように表すことができる。

付図 1.7

【例 1.6】 $D=<A, R>$，$A=\{a, b, c\}$，$R=\{(a, b), (a, c), (b, c), (a, a)\}$ とすると，得られるダイグラフは，**付図 1.8** となる。さらに，この接続関係を行列を用いて表すと，つぎのようになる。

$$\begin{array}{c} \\ a \\ b \\ c \end{array}\begin{array}{c} \begin{array}{ccc} a & b & c \end{array} \\ \begin{pmatrix} 1 & 1 & 1 \\ 0 & 0 & 1 \\ 0 & 0 & 0 \end{pmatrix} \end{array}$$

また，これを“リンク”（link）という関係図（**付図 1.9**）で示すこともできる。

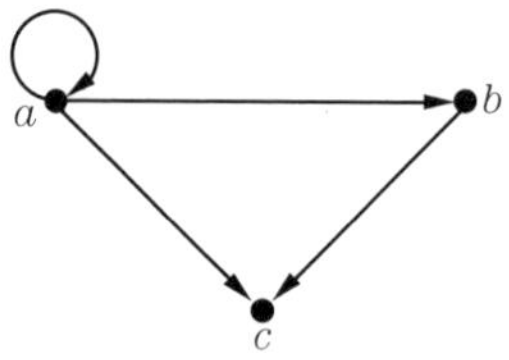

付図 1.8

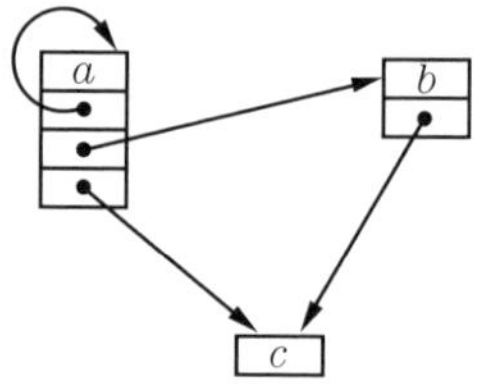

付図 1.9

J．2 項関係の性質

つぎに 2 項関係の中でも特別な性質を持ったものを定義しておく。

【定義】 集合 A における関係 R について

（1） 任意の要素 $a \in A$ に対して，${}_aR_a$ ならば，R は**反射的**（reflexive）であるという。

（2） 任意の要素 $a, b \in A$ に対して，${}_aR_b$ のとき ${}_bR_a$ ならば，R は**対称的**（symmetric）であるという。

（3） 任意の要素 $a, b \in A$ に対して，${}_aR_b$ かつ ${}_bR_a$ のとき $a=b$ ならば，R は**反対称的**（antisymmetric）であるという。

（4） 任意の要素 $a, b, c \in A$ に対して，${}_aR_b$ かつ ${}_bR_c$ のとき ${}_aR_c$ ならば，R は**推移的**（transitive）であるという。

【例 1.7】

（1） 任意の集合 A において，“＝”を関係 R とすると，R は反射的，対称的，反対称的，推移的である。

（2） 整数の集合 $\boldsymbol{Z}$ において，“≦”を関係 R とすると，R は反射的，反対称的，推移的である。

（3） 集合 A の巾（ベキ）集合において，“⊂”を関係 R とすると，R は反射的，反対称的，推移的である。

（4） 正の整数の集合 $\boldsymbol{N}$ において，“a が b を割り切る”を ${}_aR_b$ で表すとすると，R は反射的，反対称的，推移的である。

K. 同 値 関 係

【定義】 集合 A における関係 R が反射的，対称的，推移的であるならば，この関係 R を**同値関係**（equivalence relation）という。もし，(a, b) が同値関係 R の要素であるとき，$a \sim b$ で表すことにする。

【例 1.8】 例 1.7（1）は同値関係であるが，（2），（3），（4）は同値関係ではない。

【例 1.9】 整数の集合 $\boldsymbol{Z}$ において，二つの整数 a, b の差 $a-b$ があらかじめ定めておいた正の整数 m で割り切れるとき，つぎのように表す。

$$a \equiv b \pmod{m}$$

このとき，この関係は同値関係となる。

例えば，$m=3$ とすると，$17 \equiv 5 \pmod 3$。なぜなら，$17-5=12$ は 3 で割り切れる。同様に，$31 \equiv 4 \pmod 3$。

この同値関係～を用いて，$a \in A$ に関係している要素のすべての集合を $[a]$ で表す。すなわち，$[a]=\{x \in A \mid x \sim a\}$ のことであり，これを**同値類**（equivalence class）と呼ぶ。

定 理 **付 1.4**　関係～が集合 A における同値関係であるとする。二つの要素 $a, b \in A$ の同値類 $[a] \neq [b]$ のとき，$[a] \cap [b] = \phi$ となる。

【証明】　もし $x \in [a] \cap [b]$ が存在したとすると，$x \sim a$ かつ $x \sim b$ である。ここで，任意の要素 $y \in [a]$ について $y \sim a$ であるから，関係～が対称的であることを用いて，$y \sim a$ かつ $a \sim x$ より $y \sim x$ が成立する。同様にして，$y \sim x$ かつ $x \sim b$ から $y \sim b$ が成立する。これは，$y \in [b]$ であることを示しているから，$[a] \subset [b]$ が成立することが証明された。同様にして，$[b] \subset [a]$ も示されるから，$[a] = [b]$ が成立しなければならない。しかし，これは仮定である $[a] \neq [b]$ に矛盾する。よって，$[a] \cap [b] = \phi$ でなければならない。

この同値関係によって，集合 A は部分集合の集合につぎのように**分割**(partition) される。

$$\bigcup_i A_i = A,\quad A_i \cap A_j = \phi \quad i \neq j$$

定 理 **付 1.5**　集合 A における同値関係は A を同値類に分割する。また，反対に，集合 A の分割 $\{A_i\}$ は，この分割を同値類とする同値関係を与える。

【例 1.10】

（1）　$A = \{1, 2, 3\}$ とし，関係

$$R = \{(1, 3), (1, 1), (2, 2), (3, 1), (3, 3)\}$$

とすると，R は同値関係である。

$$[1] = \{1, 3\},\ [2] = \{2\},\ [3] = \{1, 3\}$$

よって，$[1] = [3]$ であり，これによる A の分割は $\{[1], [2]\}$ となる。

（2）　三角形の集合における関係 R を“相似である”とすると，R は同値関係である。

（3）　集合 $\{r \in \boldsymbol{R} \mid 0 \leqq r \leqq 1\}$ から $\boldsymbol{R}$ への連続関数の集合を C とする。C における連続関数 f と g がつぎの式を満足するとき，${}_fR_g$ であると関係

R を定義する。

$$\int_0^1 f(x)\,dx = \int_0^1 g(x)\,dx$$

このとき関係 R は同値関係となる。

2. 複　素　数

A. 複素数とは何か

$i^2=-1$ を満たす数 i（これを虚数単位と呼ぶ）と実数 a, b に対して $z=a+bi$ で表される数 z を**複素数**（complex number）と呼ぶ。実数 a は複素数 $a+0i$ と同一視できるので，複素数は実数を含むと考えられ，実数ではない複素数を**虚数**（imaginary number）という。特に，$z=bi$ の形の複素数を純虚数という。

複素数 $z=a+bi$ に対して，a を z の**実部**（real part）といい $\mathrm{Re}\,z$ で表す。また，b を z の**虚部**（imaginary part）といい，$\mathrm{Im}\,z$ で表す。また，複素数に大小関係はない（**付図 2.1**）。

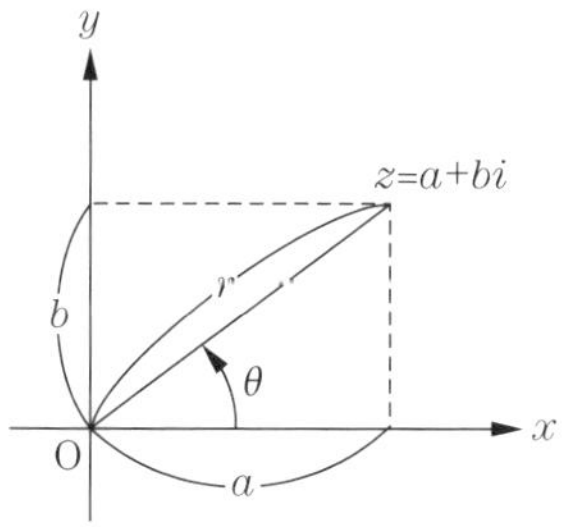

付図 2.1

特に，$i^2=-1$ に注意すると，複素数はつぎの四則演算が行える。

（1）　$(a+bi)+(c+di)=(a+c)+(b+d)i$

（2）　$(a+bi)-(c+di)=(a-c)+(b-d)i$

（3）　$(a+bi)(c+di)=(ac-bd)+(ad+bc)i$

（4）　$\dfrac{a+bi}{c+di}=\dfrac{ac+bd}{c^2+d^2}+\dfrac{bc-ad}{c^2+d^2}i \qquad (c+di\neq 0)$

複素数 $z=x+yi$ に対して，虚部の符号を変えた $\bar{z}=x-yi$ のことを z の

きょうやく
共役複素数（conjugate complex number）という。このとき，つぎのことが成り立つ。

（1）　$\overline{(\bar{z})}=z$

（2）　$\mathrm{Re}\,z=\dfrac{z+\bar{z}}{2}$

（3）　$\mathrm{Im}\,z=\dfrac{z-\bar{z}}{2i}$

（4）　$\overline{z_1+z_2}=\overline{z_1}+\overline{z_2}$

（5）　$\overline{z_1-z_2}=\overline{z_1}-\overline{z_2}$

（6）　$\overline{z_1z_2}=\overline{z_1}\,\overline{z_2}$

（7）　$\overline{\left(\dfrac{z_1}{z_2}\right)}=\dfrac{\overline{z_1}}{\overline{z_2}}$　$(z_2\neq 0)$

（8）　$z=\bar{z}\Leftrightarrow z$ は実数

【式（6）の証明】

$$z_1=a_1+b_1i,\, z_2=a_2+b_2i$$

とおくと

$$z_1z_2=(a_1+b_1i)(a_2+b_2i)=(a_1a_2-b_1b_2)+(a_1b_2+a_2b_1)i$$

であるから

$$\overline{z_1z_2}=(a_1a_2-b_1b_2)-(a_1b_2+a_2b_1)i$$

となる。一方

$$\overline{z_1}\,\overline{z_2}=(a_1-b_1i)(a_2-b_2i)=(a_1a_2-b_1b_2)-(a_1b_2+a_2b_1)i$$

が成り立つので，（6）が示された。

B.　複素平面と極形式

複素数 $z=a+bi$ に平面上の座標 (a,b) を持つ点を対応させると，平面上の各点 (a,b) は一つの複素数 $a+bi$ を表すものと考えられる。このように各点が複素数 $z=a+bi$ を表しているような平面を**複素平面**（complex plane）または**ガウス平面**（Gaussian plane）という。実数 $z=a+0i=a$ は x 軸上の点 $(a,0)$ を表すから，x 軸を**実軸**（real axis）という。純虚数 $z=0+bi$ は y

軸上の点 $(0, b)$ を表すから，y 軸を**虚軸** (imaginary axis) という。

$z=a+bi$ と原点 O との距離を z の**絶対値** (absolute value) といい，$|z|$ で表す。すなわち

$$|z|=\sqrt{a^2+b^2}$$

このとき

$$|z|^2=z\bar{z}$$

が成り立つ。

また，実軸と線分 Oz のなす角 θ を z の**偏角** (argument) といい，$\arg z$ と表す。O の偏角は考えない。

平面上の点を組 (r, θ) を用いて表すことを極座標表示という。

$z=a+bi\neq 0$ について $|z|=r>0$，$\arg z=\theta$ とおくとき，$a=r\cos\theta$，$b=r\sin\theta$ であるから

$$z=r\cos\theta+ir\sin\theta=r(\cos\theta+i\sin\theta)$$

と書かれる。この表し方を z の極表示または**極形式** (polar form) という。

$z\neq 0$ の共役複素数 $\bar{z}$ と逆数 z^{-1} を極形式で表すと，それぞれ

$$\begin{aligned}\bar{z}&=r\cos\theta-ir\sin\theta\\&=r(\cos\theta-i\sin\theta)\\&=r\{\cos(-\theta)+i\sin(-\theta)\}\\z^{-1}&=\frac{1}{r(\cos\theta+i\sin\theta)}\\&=r^{-1}(\cos\theta-i\sin\theta)\\&=r^{-1}\{\cos(-\theta)+i\sin(-\theta)\}\end{aligned}$$

となる。特に，絶対値 1 の複素数，すなわち $r=1$ のとき

$$z=\cos\theta+i\sin\theta$$

であるから，$\bar{z}$ と z^{-1} は一致する。

【例 2.1】 複素数 $-\sqrt{3}+i$ はつぎのようにして，極形式で表される。

$$-\sqrt{3}+i=2\left(-\frac{\sqrt{3}}{2}+\frac{1}{2}i\right)$$

ここで，$\cos\theta=-\dfrac{\sqrt{3}}{2}$，$\sin\theta=\dfrac{1}{2}$ より $\theta=\dfrac{5\pi}{6}$ が得られるので

$$与式=2\left(\cos\frac{5\pi}{6}+i\sin\frac{5\pi}{6}\right)$$

複素数 z にベクトル $\overrightarrow{\mathrm{O}z}$ を対応させると，複素平面での和と差は，平面ベクトルの和と差になる（**付図 2.2**）。

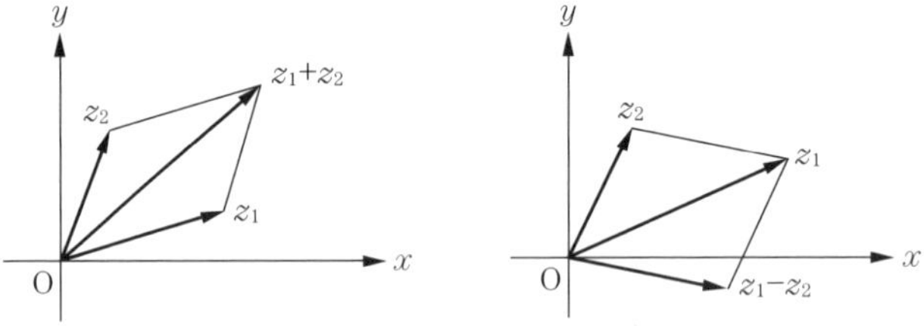

（a） 複素平面での和　　（b） 複素平面での差

付図 2.2

定 理 付 2.1　複素数 z_1, z_2 の積 z_1z_2 に対して，つぎが成り立つ。

（1）　$|z_1z_2|=|z_1||z_2|$

（2）　$\arg(z_1z_2)=\arg z_1+\arg z_2$

【証明】　z_1 と z_2 を極形式

$$z_1=r_1(\cos\theta_1+i\sin\theta_1),\quad z_2=r_2(\cos\theta_2+i\sin\theta_2)$$

で表すと，その積は三角関数の加法定理を用いて

$$\begin{aligned} z_1z_2&=r_1r_2(\cos\theta_1+i\sin\theta_1)(\cos\theta_2+i\sin\theta_2)\\ &=r_1r_2\{(\cos\theta_1\cos\theta_2-\sin\theta_1\sin\theta_2)+i(\sin\theta_1\cos\theta_2+\cos\theta_1\sin\theta_2)\}\\ &=r_1r_2\{\cos(\theta_1+\theta_2)+i\sin(\theta_1+\theta_2)\}\end{aligned}$$

となる。これも極形式であるから，（1）および（2）が示された（**付図 2.3**）。

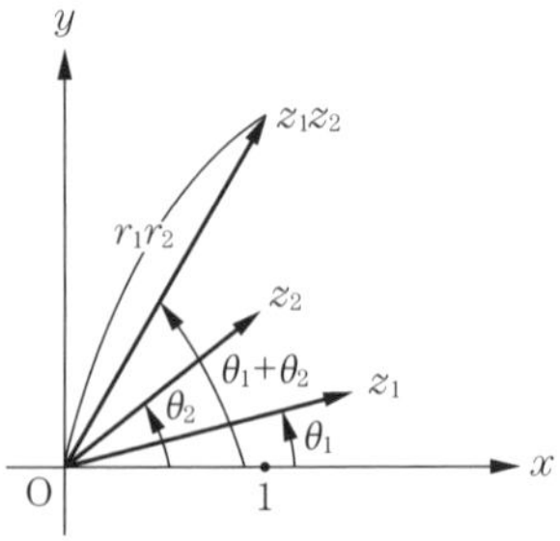

付図 2.3

実数を掛けることは，複素平面上では，原点Oを中心とした r 倍の拡大 $(r>1)$ と縮小 $(0<r<1)$ を意味する。また，絶対値1の複素数 $\cos\theta+i\sin\theta$ を掛けると角 θ の左回りの回転となる。

さらに，$z_2(\neq 0)$ に対して

$$\frac{1}{z_2}=\frac{1}{r_2}\{\cos(-\theta_2)+i\sin(-\theta_2)\}$$

であることに注意すると定理付2.2が成り立つ。

定理 付2.2　複素数 $z_1, z_2(\neq 0)$ の商 $\dfrac{z_1}{z_2}$ に対して，つぎが成り立つ。

(1)　$\left|\dfrac{z_1}{z_2}\right|=\dfrac{|z_1|}{|z_2|}$

(2)　$\arg\left(\dfrac{z_1}{z_2}\right)=\arg z_1-\arg z_2$

以上より，すべての整数 n に対して，**ド・モアブル**（De Moivre）**の公式**と呼ばれる

$$(\cos\theta+i\sin\theta)^n=\cos n\theta+i\sin n\theta$$

が，成り立つ。

C.　オイラーの公式

つぎの**オイラーの公式**（Euler's formula）により，指数関数と三角関数は虚数単位 i を通してたがいに結び付くことがわかる。

定理 付2.3　$e^{i\theta}=\cos\theta+i\sin\theta$　$(i^2=-1$，θ は実数)

【証明】　よく知られているように指数関数 e^x のマクローリン展開は

$$e^x=1+\frac{x}{1!}+\frac{x^2}{2!}+\frac{x^3}{3!}+\frac{x^4}{4!}+\frac{x^5}{5!}+\frac{x^6}{6!}+\frac{x^7}{7!}+\cdots$$

である。この両辺に $x=i\theta$ を代入すると

$$e^{i\theta}=1+\frac{i\theta}{1!}+\frac{(i\theta)^2}{2!}+\frac{(i\theta)^3}{3!}+\frac{(i\theta)^4}{4!}+\frac{(i\theta)^5}{5!}+\frac{(i\theta)^6}{6!}+\frac{(i\theta)^7}{7!}+\cdots$$

$$=\left(1-\frac{\theta^2}{2!}+\frac{\theta^4}{4!}-\frac{\theta^6}{6!}+\cdots\right)+i\left(\theta-\frac{\theta^3}{3!}+\frac{\theta^5}{5!}-\frac{\theta^7}{7!}+\cdots\right)$$

が得られる。

ところが，三角関数 $\cos x$ と $\sin x$ のマクローリン展開はそれぞれ

$$\cos x=1-\frac{x^2}{2!}+\frac{x^4}{4!}-\frac{x^6}{6!}+\cdots$$

$$\sin x=x-\frac{x^3}{3!}+\frac{x^5}{5!}-\frac{x^7}{7!}+\cdots$$

であるから，上の式はつぎのようになる。

$$e^{i\theta}=\cos\theta+i\sin\theta$$

特に，$\theta=\pi$ としたとき $e^{i\pi}=-1$ となるが，これは**オイラーの等式**（Euler's equality）と呼ばれている。

D. n 乗 根

一般の n 次方程式については，つぎの代数学の基本定理が知られている。

定 理 付 2.4 複素数を係数に持つ n 次方程式

$$f(z)=a_nz^n+a_{n-1}z^{n-1}+\cdots+a_1z+a_0=0 \quad (a_n\neq 0)$$

は必ず複素数の範囲で解を持つ。

因数定理を繰り返し用いれば，つぎの結果を得る。

定 理 付 2.5 $f(z)$ は複素数の範囲で

$$f(z)=a_n(z-\alpha_1)(z-\alpha_2)\cdots(z-\alpha_n)$$

と 1 次式の積に分解される。したがって，n 次方程式は重解も含めて，n 個の複素数の解を持つ。

ここで，複素数 $\alpha=\rho(\cos\phi+i\sin\phi)$ と自然数 n に対して，n 次方程式

$$z^n=\alpha$$

を満たすすべての複素数 z を求めてみる。

求める解を $z=r(\cos\theta+i\sin\theta)$ とおくと，ド・モアブルの公式より

$$z^n=r^n(\cos n\theta+i\sin n\theta)$$

が成り立つ。これが $z^n=\alpha$ を満たすから

$\alpha=\rho(\cos\phi+i\sin\phi)$ とすると，

$$r^n(\cos n\theta+i\sin n\theta)=\rho(\cos\phi+i\sin\phi)$$

両辺の絶対値は等しいし，また，偏角はただ一通りには定まらないが，2π の整数倍の違いを除けば一致するので

$$r^n=\rho,\quad n\theta=\phi+2k\pi \quad (k\text{ は整数})$$

これより

$$r=\sqrt[n]{\rho},\quad \theta=\frac{\phi+2k\pi}{n} \quad (k=0,\pm1,\pm2,\cdots)$$

ここで，$k=0,1,2,\cdots,n-1$ とすると，相異なる n 個の偏角を表す。

よって，方程式の解は

$$z=\sqrt[n]{\rho}\left(\cos\frac{\phi+2k\pi}{n}+i\sin\frac{\phi+2k\pi}{n}\right) \quad (k=0,1,2,\cdots,n-1)$$

である。

また，$z^n=\alpha$ を満たす複素数 z を α の **n 乗根**（n-th radical root）といい，$\alpha^{\frac{1}{n}}$ と書く。上記のことから，複素数 α の n 乗根 $\alpha^{\frac{1}{n}}$ は n 個あり，次式で表される。

$$w_k=\sqrt[n]{\rho}\left\{\cos\left(\frac{\phi}{n}+\frac{2k\pi}{n}\right)+i\sin\left(\frac{\phi}{n}+\frac{2k\pi}{n}\right)\right\} \quad (k=0,1,2,\cdots,n-1)$$

複素平面上で，これら n 個の点は，原点Oを中心とした半径 $\sqrt[n]{\rho}$ の円周を n 等分して並んでいる。これらの点を分点という。

【例 2.2】 複素数 $\alpha=-2+2\sqrt{3}\,i$ の3乗根 $\alpha^{\frac{1}{3}}$ を求めてみる。

α を極形式で表すと

$$\alpha=4\left(-\frac{1}{2}+\frac{\sqrt{3}}{2}i\right)=4\left(\cos\frac{2\pi}{3}+i\sin\frac{2\pi}{3}\right)$$

である。よって，$\alpha^{\frac{1}{3}}$ は

$$w_0 = \sqrt[3]{4}\left(\cos\frac{2\pi}{9} + i\sin\frac{2\pi}{9}\right),$$

$$w_1 = \sqrt[3]{4}\left\{\cos\left(\frac{2\pi}{9} + \frac{2\pi}{3}\right) + i\sin\left(\frac{2\pi}{9} + \frac{2\pi}{3}\right)\right\}$$

$$= \sqrt[3]{4}\left(\cos\frac{8\pi}{9} + i\sin\frac{8\pi}{9}\right),$$

$$w_2 = \sqrt[3]{4}\left\{\cos\left(\frac{2\pi}{9} + \frac{4\pi}{3}\right) + i\sin\left(\frac{2\pi}{9} + \frac{4\pi}{3}\right)\right\}$$

$$= \sqrt[3]{4}\left(\cos\frac{14\pi}{9} + i\sin\frac{14\pi}{9}\right)$$

が得られる。

特に，$\alpha = 1 = 1\cdot(\cos 0 + i\sin 0)$ の場合には，
自然数 n に対して，1 の n 乗根を $\zeta_k (k = 0, 1, 2, \cdots, n-1)$ とすると

$$\zeta_k = \cos\frac{2k\pi}{n} + i\sin\frac{2k\pi}{n}$$

$$\zeta_k = \zeta_1{}^k \quad (k = 0, 1, 2, \cdots, n-1)$$

が成り立ち，複素平面上では，これらの点は，1 を分点の一つとするように単位円を n 等分する点になる（**付図 2.4** 参照）。

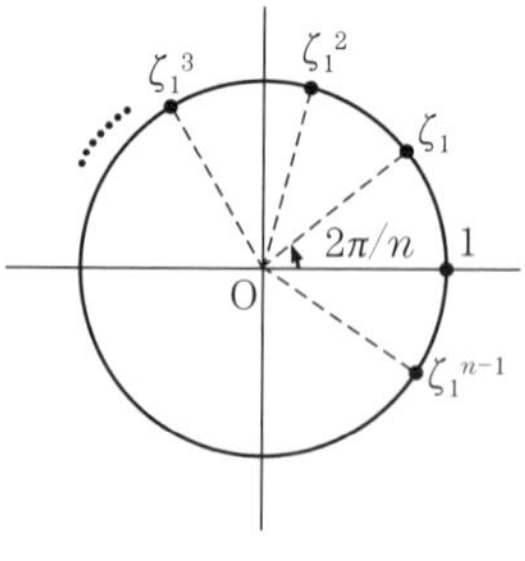

付図 2.4

3. 複　素　行　列

A. 転置共役行列

複素行列 $A = (a_{ij})_{m\times n}$ に対して，転置共役行列を $A^* = {}^t\bar{A} = \overline{(a_{ji})}$ とおく。
例えば

$$A=\begin{pmatrix} 2 & 1+i & 0 \\ i & 3-i & \sqrt{3} \end{pmatrix}$$

に対して

$$A^*=\begin{pmatrix} 2 & -i \\ 1-i & 3+i \\ 0 & \sqrt{3} \end{pmatrix}$$

である。

また，つぎの四つの性質が成り立つ。

（1）　$(A^*)^*=A$　　（2）　$(A+B)^*=A^*+B^*$　　（3）　$(cA)^*=\bar{c}A^*$

（4）　$(AB)^*=B^*A^*$

B．エルミット行列（hermitian matrix）

n 次複素行列 $A=(a_{ij})$ は

$$A^*=A \quad すなわち \quad \overline{a_{ji}}=a_{ij}$$

が成り立つとき，エルミット行列であるといわれる。

例えば $A=\begin{pmatrix} 1 & 2+i \\ 2-i & \sqrt{3} \end{pmatrix}$ はエルミット行列である。

また，エルミット行列についてつぎの（1），（2）が成り立つ。

（1）　対角成分は実数である。

（2）　実エルミット行列は対称行列である。

$A=(a_{ij})$ が n 次エルミット行列で

$$\boldsymbol{x}=\begin{pmatrix} x_1 \\ \vdots \\ x_n \end{pmatrix}$$

とおくとき

$$H=\boldsymbol{x}^*A\boldsymbol{x}$$

$$=(\overline{x_1}\cdots\overline{x_n})\begin{pmatrix} a_{11} & \cdots & a_{1n} \\ \vdots & \cdots & \vdots \\ a_{n1} & \cdots & a_{nn} \end{pmatrix}\begin{pmatrix} x_1 \\ \vdots \\ x_n \end{pmatrix}=\cdots+a_{ij}\overline{x_i}x_j+\cdots$$

を**エルミット形式**（hermitian form）という。

任意の列ベクトル $\boldsymbol{x}$ に対して，エルミット形式の値は実数である。

C．歪エルミット行列（skew hermitian matrix）

n 次複素行列 $A=(a_{ij})$ は

$$A^*=-A \quad \text{すなわち} \quad \overline{a_{ji}}=-a_{ij}$$

が成り立つとき，歪エルミット行列であるといわれる。

例えば，$A=\begin{pmatrix} 3i & 1+i \\ -1+i & 0 \end{pmatrix}$ は歪エルミット行列である。

また，歪エルミット行列についてつぎの（1），（2）が成り立つ。

（1）対角成分は純虚数または0である。

（2）実歪エルミット行列は交代行列である。

$A=(a_{ij})$ が n 次エルミット行列で

$$\boldsymbol{x}=\begin{pmatrix} x_1 \\ \vdots \\ x_n \end{pmatrix}$$

とおくとき

$$\begin{aligned} S&=\boldsymbol{x}^*A\boldsymbol{x} \\ &=(\overline{x_1}\cdots\overline{x_n})\begin{pmatrix} a_{11} & \cdots & a_{1n} \\ \vdots & \cdots & \vdots \\ a_{n1} & \cdots & a_{nn} \end{pmatrix}\begin{pmatrix} x_1 \\ \vdots \\ x_n \end{pmatrix} \\ &=\cdots+a_{ij}\overline{x_i}x_j+\cdots \end{aligned}$$

を**歪エルミット形式**（skew hermitian form）という。

任意の列ベクトル $\boldsymbol{x}$ に対して，歪エルミット形式の値は純虚数または0である。

D．ユニタリ行列（unitary matrix）

n 次複素行列 A について

$$AA^* = A^*A = E$$

すなわち

$$A^* = A^{-1}$$

が成り立つとき，ユニタリ行列であるという

例えば

$$A = \begin{pmatrix} -\dfrac{1}{\sqrt{2}} & -\dfrac{1}{\sqrt{6}} & \dfrac{1}{\sqrt{3}} \\ 0 & \dfrac{2}{\sqrt{6}} & \dfrac{1}{\sqrt{3}} \\ \dfrac{1}{\sqrt{2}} & -\dfrac{1}{\sqrt{6}} & \dfrac{1}{\sqrt{3}} \end{pmatrix}$$

はユニタリ行列という。

また，実ユニタリ行列は，直交行列である。

E. 正規行列（normal matrix）

n 次複素行列 A について

$$AA^* = A^*A$$

が成り立つとき，正規行列であるという。

エルミット行列，歪エルミット行列，ユニタリ行列は，すべて正規行列である。

定理 付 3.1

（1） エルミット行列の固有値は実数である。

（2） 歪エルミット行列の固有値は純虚数または 0 である。

（3） ユニタリ行列の固有値は絶対値が 1 の複素数である。

定理 付 3.2

n 次複素行列 A がユニタリ行列によって対角化されるための必要十分条件は，A が正規行列であることである。

4. 2 次 曲 線

A. 2次曲線とは何か

一般に，方程式が x，y の2次式

$$ax^2+2hxy+by^2+2gx+2fy+c=0 \quad (a,\ b,\ c,\ f,\ g,\ h\ \text{は定数})$$

で表される曲線を**2次曲線**（quadratic curve）という。

その中で代表的なものとして，円，楕円，双曲線，放物線をとり上げる。

B. 円（circle）

定点Cから一定の距離にある点Pの軌跡を円という。Cを円の中心，距離を円の半径という。中心が点（a, b）で，半径が r の円の方程式は

$$(x-a)^2+(y-b)^2=r^2$$

であり，特に，原点を中心とする半径 r の円の方程式は

$$x^2+y^2=r^2$$

である。

C. 楕円（ellipse）

二つの定点F，F′からの距離の和が一定である点Pの軌跡を楕円といい，定点F，F′を，この楕円の焦点という。ただし，焦点F，F′からの距離の和は，線分FF′の長さより大きいものとする。

焦点が $\mathrm{F}(c,\ 0)$，$\mathrm{F'}(-c,\ 0)$ であり，距離の和が $2a$ であるような楕円の方程式を求めてみる。ただし，$a>c>0$ とする。

楕円上の点を $\mathrm{P}(x,\ y)$ とすると

$$\mathrm{FP}=\sqrt{(x-c)^2+y^2}, \quad \mathrm{F'P}=\sqrt{(x+c)^2+y^2}$$

であるから，$\mathrm{FP}+\mathrm{F'P}=2a$ より

$$\sqrt{(x-c)^2+y^2}+\sqrt{(x+c)^2+y^2}=2a$$

これより

$$\sqrt{(x-c)^2+y^2}=2a-\sqrt{(x+c)^2+y^2}$$

両辺を2乗して整理すると

$$a\sqrt{(x+c)^2+y^2}=a^2+cx$$

さらに両辺を2乗して整理すると

$$(a^2-c^2)x^2+a^2y^2=a^2(a^2-c^2)$$

ここで，$a>c$ であるから，$b=\sqrt{a^2-c^2}$ とおくと $a>b>0$ であり

$$b^2x^2+a^2y^2=a^2b^2$$

両辺を a^2b^2 で割って

$$\frac{x^2}{a^2}+\frac{y^2}{b^2}=1$$

上式を楕円の方程式の標準形という。

この楕円と x 軸との交点は，A$(a,0)$，A′$(-a,0)$ であり，y 軸との交点はB$(0,b)$，B′$(0,-b)$ であるが，$a>b$ よりAA′＞BB′となる。また，焦点は線分AA′上にあり

$$\sqrt{a^2-c^2}=b$$

であるから

$$c=\sqrt{a^2-b^2}$$

なので

$$\mathrm{F}(\sqrt{a^2-b^2},0),\quad \mathrm{F}'(-\sqrt{a^2-b^2},0)$$

である。線分AA′をこの楕円の長軸，BB′を短軸といい，A，A′，B，B′

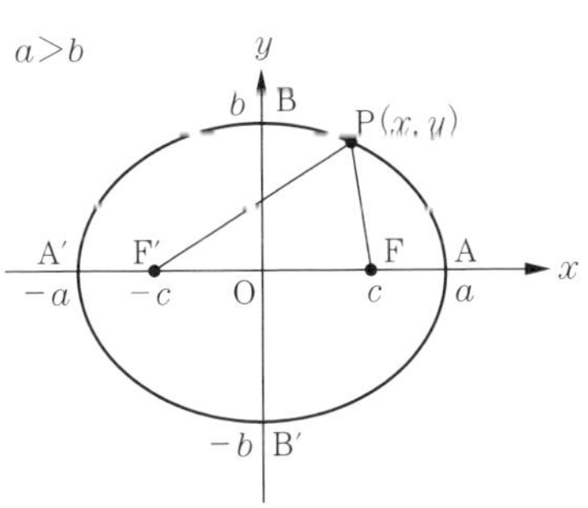

付図 4.1

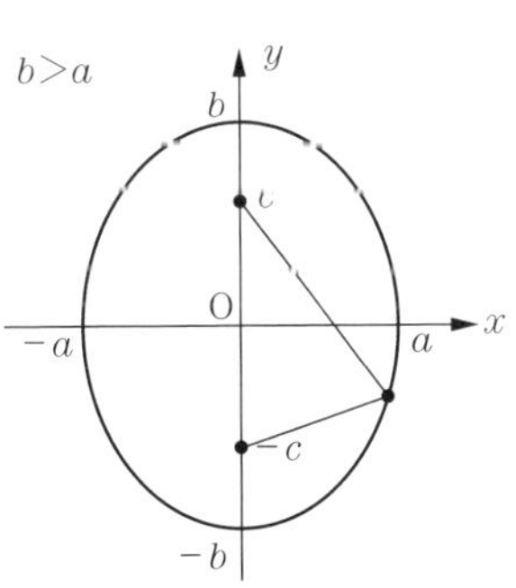

付図 4.2

を頂点，原点Oを中心という（**付図 4.1**）。

楕円は，その長軸，短軸，中心のそれぞれに関して対称である。

一方，$b>c>0$ のとき，2点（$0,\ c$），（$0,\ -c$）を焦点とし，距離の和が $2b$ であるような楕円の方程式は

$$\frac{x^2}{a^2}+\frac{y^2}{b^2}=1 \quad ただし \quad a=\sqrt{b^2-c^2}$$

である（**付図 4.2**）。

D.　双曲線（hyperbola）

二つの定点F，F′からの距離の差が一定である点Pの軌跡を双曲線といい，定点F，F′を，この双曲線の焦点という。ただし，焦点F，F′からの距離の差は，線分FF′の長さより小さいものとする。

焦点が $\mathrm{F}(c,\ 0)$，$\mathrm{F}'(-c,\ 0)$ であり，距離の差が $2a$ であるような双曲線の方程式を求めてみる。ただし，$c>a>0$ とする。

双曲線上の点を $\mathrm{P}(x,\ y)$ とすると

$$\mathrm{FP}=\sqrt{(x-c)^2+y^2}, \quad \mathrm{F'P}=\sqrt{(x+c)^2+y^2}$$

であるから，$\mathrm{FP}-\mathrm{F'P}=\pm 2a$ より

$$\sqrt{(x-c)^2+y^2}-\sqrt{(x+c)^2+y^2}=\pm 2a$$

これより

$$\sqrt{(x-c)^2+y^2}=\pm 2a+\sqrt{(x+c)^2+y^2}$$

両辺を2乗して整理すると

$$\pm a\sqrt{(x+c)^2+y^2}=a^2+cx$$

さらに両辺を2乗して整理すると

$$(c^2-a^2)x^2-a^2y^2=a^2(c^2-a^2)$$

ここで，$c>a$ であるから，$b=\sqrt{c^2-a^2}$ とおくと $b>0$ であり

$$b^2x^2-a^2y^2=a^2b^2$$

両辺を a^2b^2 で割って

$$\frac{x^2}{a^2}-\frac{y^2}{b^2}=1$$

上式を双曲線の方程式の標準形という。

この双曲線と x 軸との交点は $\mathrm{A}(a,0)$，$\mathrm{A}'(-a,0)$ であるが，y 軸との交点は存在しない。また，焦点は

$$\sqrt{c^2-a^2}=b$$

であるから

$$c=\sqrt{a^2+b^2}$$

なので

$$\mathrm{F}(\sqrt{a^2+b^2},\ 0),\quad \mathrm{F}'(-\sqrt{a^2+b^2},\ 0)$$

である（**付図 4.3**）。直線 FF′ を双曲線の主軸，A，A′ を頂点，原点 O を中心という。

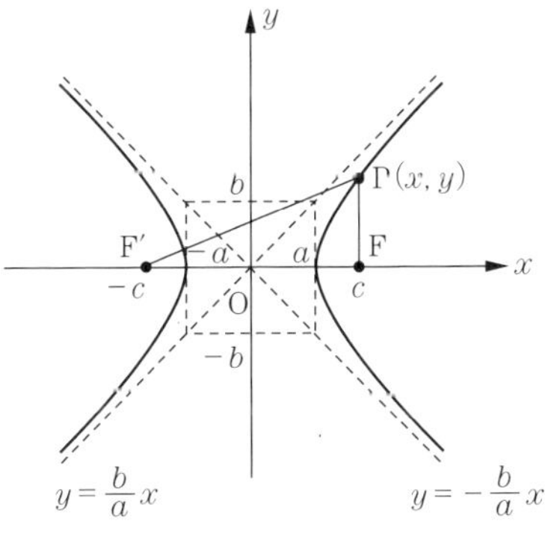

付図 4.3

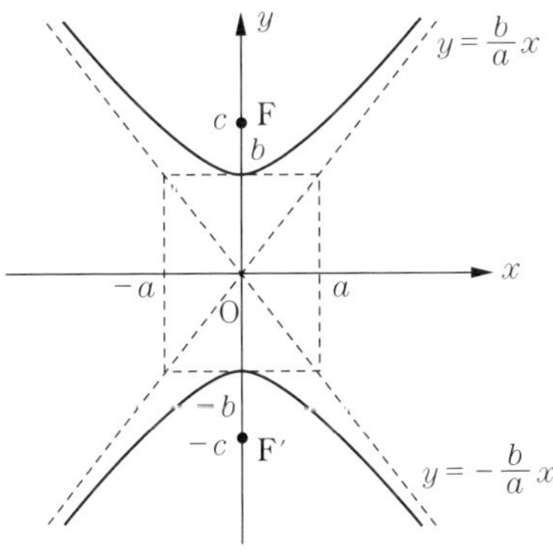

付図 4.4

双曲線は x 軸，y 軸，原点 O のそれぞれに関して対称である。

さらに，双曲線は二つの直線 $y=\pm\dfrac{b}{a}x$ を漸近線に持つ。

一方，$c>b>0$ のとき y 軸上の二つの点 $\mathrm{F}(0,\ c)$，$\mathrm{F}'(0,\ -c)$ を焦点とし，距離の差が $2b$ であるような双曲線の方程式は

$$\frac{x^2}{a^2}-\frac{y^2}{b^2}=-1\quad ただし\quad a=\sqrt{c^2-b^2}$$

である。

このときも同様に，二つの直線 $y=\pm\dfrac{b}{a}x$ が漸近線となっている(**付図 4.4**)。

E. 放物線 (parabola)

定点 F と F を通らない定直線 l からの距離が等しい点 P の軌跡を放物線といい，点 F を放物線の焦点，直線 l を準線という。

焦点が $F(p,\,0)$ で，準線 l が直線 $x=-p$ であるような，放物線の方程式を求めてみる。ただし，$p\neq 0$ とする。

放物線上の点を $P(x,\,y)$ として，P から準線 l に下ろした垂線を PH とすると

$$\mathrm{FP}=\mathrm{HP}$$

であるから

$$\sqrt{(x-p)^2+y^2}=|x-(-p)|$$

両辺を 2 乗して

$$(x-p)^2+y^2=(x+p)^2$$

これを整理して

$$y^2=4px$$

が得られる (**付図 4.5**)。

上式を放物線の方程式の標準形という。

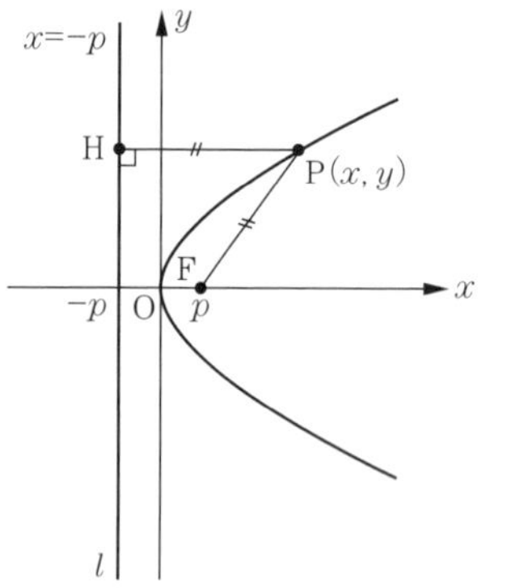

付図 4.5

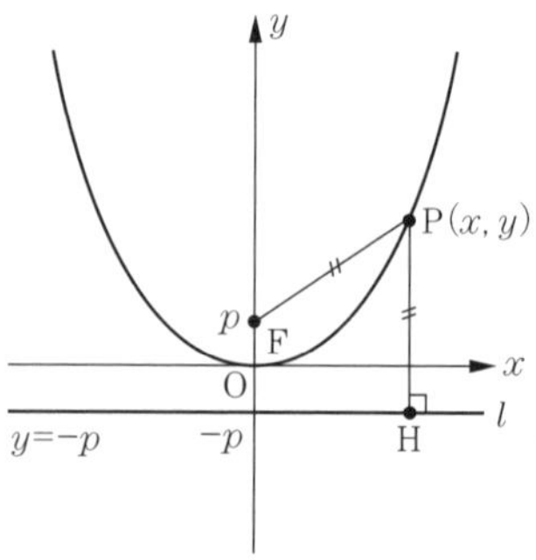

付図 4.6

x 軸を放物線の軸，原点Oを放物線の頂点という。

放物線は，x 軸に関して対称である。

一方，焦点が（0, p）で，準線が直線 $y=-p$ である放物線の方程式は

$$x^2=4py$$

である（**付図 4.6**）。

F. 直円錐の切り口としての2次曲線

2次曲線は，直円錐面を頂点を通らない平面で切った切り口の曲線として現れることが知られているので，円錐曲線と呼ばれることがある（**付図 4.7**）。

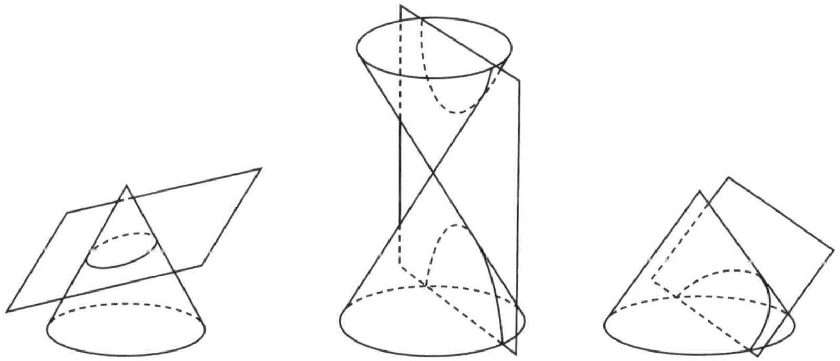

（a） 楕　円　（b） 双曲線　（c） 放物線

付図 4.7

5. 3次元空間内の回転

3次元空間内の回転移動について，

x 軸の周りの回転を表す行列は

$$X(\theta)=\begin{pmatrix} 1 & 0 & 0 \\ 0 & \cos\theta & -\sin\theta \\ 0 & \sin\theta & \cos\theta \end{pmatrix}$$

であり，y 軸の周りの回転を表す行列は

$$Y(\theta)=\begin{pmatrix} \cos\theta & 0 & \sin\theta \\ 0 & 1 & 0 \\ -\sin\theta & 0 & \cos\theta \end{pmatrix}$$

となり，z 軸の周りの回転を表す行列は

$$Z(\theta)=\begin{pmatrix} \cos\theta & -\sin\theta & 0 \\ \sin\theta & \cos\theta & 0 \\ 0 & 0 & 1 \end{pmatrix}$$

で与えられる。

一般に，3 次元空間内の回転を表す行列 A はこれらの積として与えられることが，つぎのように示される。

二つの正規直交系 $\boldsymbol{e}_1$，$\boldsymbol{e}_2$，$\boldsymbol{e}_3$ および $\boldsymbol{e}_1'$，$\boldsymbol{e}_2'$，$\boldsymbol{e}_3'$ の定める座標軸をそれぞれ x，y，z 軸，x'，y'，z' 軸と呼ぶことにし，座標系（x, y, z）および（x', y', z'）は右手系とする。このとき

$$(\boldsymbol{e}_1', \boldsymbol{e}_2', \boldsymbol{e}_3')=(\boldsymbol{e}_1, \boldsymbol{e}_2, \boldsymbol{e}_3)A$$

としておく。

このとき，三つの角の組（θ, ϕ, ψ）をつぎのように定める。これは，**オイラーの角**と呼ばれるものである。まず，xy 平面と $x'y'$ 平面の交わりを l とし

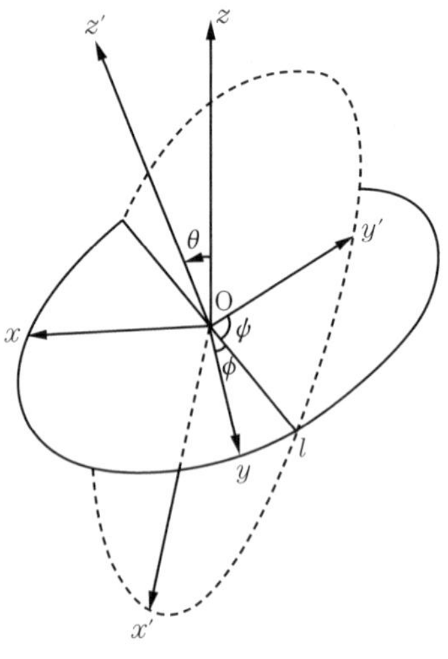

付図 5.1

ておく（**付図 5.1**）。

（1） z 軸と z' 軸（$\boldsymbol{e}_3$ と $\boldsymbol{e}_3'$）のなす角を θ とする。

（2） y 軸と l のなす角を ϕ とする。

（3） l と y' 軸のなす角を ψ とする。

これにより，y 軸は y' 軸に重なり，同時に，正規直交系であることから，x 軸は x' 軸に重なる。

座標系（x, y, z）を z 軸の周りに ϕ だけ回転した座標系を（x_1, y_1, z_1）とし，これを y_1 軸の周りに θ だけ回転した座標系を（x_2, y_2, z_2）とすると，これをさらに z_2 軸の周りに ψ だけ回転すると座標系（x', y', z'）が得られる。おのおのの変換を表す行列はそれぞれ

$$(x, y, z) \longrightarrow (x_1, y_1, z_1) : Z(\phi)=\begin{pmatrix} \cos\phi & -\sin\phi & 0 \\ \sin\phi & \cos\phi & 0 \\ 0 & 0 & 1 \end{pmatrix}$$

$$(x_1, y_1, z_1) \longrightarrow (x_2, y_2, z_2) : Y(\theta)=\begin{pmatrix} \cos\theta & 0 & \sin\theta \\ 0 & 1 & 0 \\ -\sin\theta & 0 & \cos\theta \end{pmatrix}$$

$$(x_2, y_2, z_2) \longrightarrow (x', y', z') : Z(\psi)=\begin{pmatrix} \cos\psi & -\sin\psi & 0 \\ \sin\psi & \cos\psi & 0 \\ 0 & 0 & 1 \end{pmatrix}$$

である。

よって，3次元空間内の回転行列 A は，オイラーの角（θ, ϕ, ψ）を用いてつぎのように表される。

$$A=Z(\phi)\,Y(\theta)\,Z(\psi)$$

$$=\begin{pmatrix} \cos\phi & -\sin\phi & 0 \\ \sin\phi & \cos\phi & 0 \\ 0 & 0 & 1 \end{pmatrix}\begin{pmatrix} \cos\theta & 0 & \sin\theta \\ 0 & 1 & 0 \\ -\sin\theta & 0 & \cos\theta \end{pmatrix}\begin{pmatrix} \cos\psi & -\sin\psi & 0 \\ \sin\psi & \cos\psi & 0 \\ 0 & 0 & 1 \end{pmatrix}$$

$$
=\begin{pmatrix}
\cos\theta\cos\phi\cos\psi-\sin\phi\sin\psi & -\cos\theta\cos\phi\sin\psi-\sin\phi\cos\psi & \sin\theta\cos\phi \\
\cos\theta\sin\phi\cos\psi+\cos\phi\sin\psi & -\cos\theta\sin\phi\sin\psi+\cos\phi\cos\psi & \sin\theta\sin\phi \\
-\sin\theta\cos\psi & \sin\theta\sin\psi & \cos\theta
\end{pmatrix}
$$

6.　数値計算法 — 連立１次方程式と固有値の解法 —

連立１次方程式を直接的に解く方法と，反復法を用いて解く方法について説明する。

A.　ガウスの消去法

連立１次方程式

$$
\begin{cases}
a_{11}x_1+a_{12}x_2+\cdots+a_{1n}x_n=b_1\ ;\ R_1 \\
a_{21}x_1+a_{22}x_2+\cdots+a_{2n}x_n=b_2\ ;\ R_2 \\
\quad\vdots \qquad\qquad\qquad\qquad\quad \vdots \quad \vdots \\
a_{n1}x_1+a_{n2}x_2+\cdots+a_{nn}x_n=b_n\ ;\ R_n
\end{cases}
$$

が与えられたとする。これより，つぎのような拡大行列を考える。

$$
\left[\begin{array}{cccc|c}
a_{11} & a_{12} & \cdots & a_{1n} & a_{1,n+1} \\
a_{21} & a_{22} & \cdots & a_{2n} & a_{2,n+1} \\
\vdots & & \vdots & & \vdots \\
a_{n1} & a_{n2} & \cdots & a_{nn} & a_{n,n+1}
\end{array}\right]
\quad (a_{i,n+1}=b_i,\ \ i=1,2,\cdots,n)
$$

$a_{11}\neq 0$ を仮定し，まず，$(R_j-(a_{j1}/a_{11})R_1)\rightarrow(R_j)$，$j=2,3,\cdots,n$ なる計算を行う。

一般に，$a_{ii}\neq 0$ であるとき

$$
(R_j-(a_{ji}/a_{ii})R_i)\rightarrow(R_j)\quad (i=2,3,\cdots,n-1,\ \ j=i+1,i+2,\cdots,n)
$$

この計算によってつぎのような行列が得られる。

$$\left[\begin{array}{cccc|c} a_{11} & a_{12} & \cdots\cdots & a_{1n} & a_{1,n+1} \\ 0 & a_{22} & \cdots\cdots & a_{2n} & a_{2,n+1} \\ \vdots & \ddots & \ddots & \vdots & \vdots \\ 0 & \cdots\cdots & 0 & a_{nn} & a_{n,n+1} \end{array}\right]$$

これは，すなわち

$$\begin{cases} a_{11}x_1+a_{12}x_2+\cdots+a_{1n}x_n=a_{1,n+1} \\ \qquad a_{22}x_2+\cdots+a_{2n}x_n=a_{2,n+1} \\ \qquad\qquad \ddots \qquad\qquad \vdots \\ \qquad\qquad\qquad a_{nn}x_n=a_{n,n+1} \end{cases}$$

なる連立１次方程式であるから，**後からの代入法**を使って，x_n, x_{n-1}, …, x_2, x_1 を順に求めることができる。

すなわち

$$x_n=\frac{a_{n,n+1}}{a_{nn}},\quad x_{n-1}=\frac{[a_{n-1,n+1}-a_{n-1,n}x_n]}{a_{n\ 1,n\ 1}}$$

一般に

$$x_i=\frac{[a_{i,n+1}-a_{i,n}x_n-a_{i,n-1}x_{n-1}-\cdots-a_{i,i+1}x_{i+1}]}{a_{ii}}$$

$$=\frac{a_{i,n+1}-\sum_{j=i+1}^{n}a_{ij}x_j}{a_{ii}}\quad (i=n-1,\ n-2,\ \cdots,\ 2,\ 1)$$

と表される。

【例 6.1】 連立１次方程式

$$\begin{cases} x_1-x_2+2x_3-x_4=-8 \\ 2x_1-2x_2+3x_3-3x_4=-20 \\ x_1+x_2+x_3=-2 \\ x_1-x_2+4x_3+3x_4=4 \end{cases}$$

を前述のアルゴリズムに従って解を求めてみよう。

$$\begin{bmatrix} 1 & -1 & 2 & -1 & -8 \\ 2 & -2 & 3 & -3 & -20 \\ 1 & 1 & 1 & 0 & -2 \\ 1 & -1 & 4 & 3 & 4 \end{bmatrix} \begin{matrix} (R_2-2R_1) \to (R_2) \\ (R_3-R_1) \to (R_3) \\ (R_4-R_1) \to (R_4) \end{matrix} \begin{bmatrix} 1 & -1 & 2 & -1 & -8 \\ 0 & 0 & -1 & -1 & -4 \\ 0 & 2 & -1 & 1 & 6 \\ 0 & 0 & 2 & 4 & 12 \end{bmatrix}$$

ここで，$a_{22}=0$ だから3行目以下で，$a_{j2}\neq 0$，$j=3, 4$ なるところを探す。ここで $a_{32}\neq 0$ より $R_3 \longleftrightarrow R_2$ とし

$$\begin{bmatrix} 1 & -1 & 2 & -1 & -8 \\ 0 & 2 & -1 & 1 & 6 \\ 0 & 0 & -1 & -1 & -4 \\ 0 & 0 & 2 & 4 & 12 \end{bmatrix} (R_4+2R_3) \to (R_4) \begin{bmatrix} 1 & -1 & 2 & -1 & -8 \\ 0 & 2 & -1 & 1 & 6 \\ 0 & 0 & -1 & -1 & -4 \\ 0 & 0 & 0 & 2 & 4 \end{bmatrix}$$

後からの代入法により

$$x_4=2, \quad x_3=\frac{[-4-(-1)x_4]}{(-1)}=2, \quad x_2=\frac{[6-x_4-(-1)x_3]}{2}=3,$$

$$x_1=\frac{[-8-(-1)x_4-2x_3-(-1)x_2]}{1}=-7$$

を得る。

つぎにガウスの消去法のアルゴリズムを整理しておこう。

Step 1　（ループ）→ $i=1$ から $n-1$ まで

① $a_{p,i}\neq 0$ $(i \leqq p \leqq n)$ なる最小の p を求める。

もし p が存在しなければ，OUTPUT（一意解なし），

STOP

② もし p が存在し，IF $p\neq i$ THEN $(R_p) \longleftrightarrow (R_i)$

③ （ループ）→ $j=i+1$ から n まで

(③-1)　$m_{ji}=\dfrac{a_{ji}}{a_{ii}}$

(③-2)　$(R_j-m_{ji}R_i) \longrightarrow (R_j)$

Step 2　④ IF $a_{nn}=0$ THEN OUTPUT（一意解なし），STOP

⑤ $x_n=\dfrac{a_{n,n+1}}{a_{nn}}$

⑥　$i=n-1$ から１まで

$$x_i=\frac{a_{i,n+1}-\sum_{j=i+1}^{n}a_{ij}x_j}{a_{ii}}$$

⑦　OUTPUT $(x_1, \cdots, x_n)$

STOP.

B．ガウス・ジョルダンの消去法

行列のところですでに説明しているので，ここでは除くが，ガウス・ジョルダンの消去法はまったくガウスの消去法と同じであり，違うところは，主対角要素以外をすべて０にしていくところである。

拡大行列から出発し，最終的に

$$\left[\begin{array}{cccc|c} a_{11} & 0 & \cdots & 0 & a_{1,n+1} \\ 0 & a_{22} & \ddots & \vdots & a_{2,n+1} \\ \vdots & \ddots & \ddots & 0 & \vdots \\ 0 & \cdots & 0 & a_{nn} & a_{n,n+1} \end{array}\right]$$

を得ることにより，$x_i=a_{i,n+1}/a_{ii}$，$i=1, 2, \cdots, n$ を求めることができる。

連立１次方程式の解法を比較検討するには，①精度（エラー），②速度の二つの問題を考えなければならない。ここでは速度の問題を考えてみることにしよう。

一般に，乗除法は加減法と比較してきわめて多くの時間を費やすことになる。ガウスの消去法の場合；

アルゴリズム中のステップ③で行われる除法の数は $(n-i)$，乗法の数は $(n-i)(n-i+1)$，そして加減法の数は $(n-i)(n-i+1)$ 回となる。よって，Step 1 での総回数は

$$\sum_{i=1}^{n-1}(n-i)(n-i+2)+\sum_{i=1}^{n-1}(n-i)(n-i+1)$$

$$=\frac{2n^3+3n^2-5n}{6}+\frac{n^3-n}{3}$$

同様にして，Step 2 では

乗除法

$$1+\sum_{i=1}^{n-1}((n-i)+1)=\frac{n^2+n}{2}$$

加減法

$$\sum_{i=1}^{n-1}((n-i-1)+1)=\frac{n^2-n}{2}$$

よって，総演算回数は

乗除算

$$\frac{2n^3+3n^2-5n}{6}+\frac{n^2+n}{2}=\frac{n^3+3n^2-n}{3}$$

加減算

$$\frac{n^3-n}{3}+\frac{n^2-n}{2}=\frac{2n^3+3n^2-5n}{6}$$

となる。

一方，ガウス・ジョルダンの消去法では

乗除算

$$\frac{n^3}{2}+n^2-\frac{n}{2}$$

加減算

$$\frac{n^3}{2}-\frac{n}{2}$$

を要する。

C. ガウス・サイデルの反復法

連立1次方程式，$AX=B$ において，行列 A の主対角要素 a_{ii}，$i=1, 2, \cdots, n$ が他の要素よりも完全に大きい場合，すなわち

$$|a_{ii}|>|a_{i1}|+|a_{i2}|+\cdots+|a_{i,i-1}|+|a_{i,i+1}|+\cdots+|a_{in}|$$

を満足すれば，この反復法は求める解に収束する。このとき，初期値として与えられる X_0 は任意でよい。

連立1次方程式，$AX=B$ において

$$x_1=\frac{1}{a_{11}}(b_1-a_{12}x_2-a_{13}x_3-\cdots-a_{1n}x_n)$$

$$x_2=\frac{1}{a_{22}}(b_2-a_{21}x_1-a_{23}x_3-\cdots-a_{2n}x_n)$$

$$\vdots$$

$$x_n=\frac{1}{a_{nn}}(b_n-a_{n1}x_1-a_{n2}x_2-\cdots-a_{n,n-1}x_{n-1})$$

と変形する。つぎに，初期値 $X_0=(x_1{}^0,\ x_2{}^0,\ \cdots,\ x_n{}^0)$ を x_1 の右辺に代入して新しい x_1 を求める。これを $x_1{}^1$ と表すと

$$x_1{}^1=\frac{1}{a_{11}}(b_1-a_{12}x_2{}^0-a_{13}x_3{}^0-\cdots-a_{1n}x_n{}^0)$$

つぎに，$(x_1{}^1,\ x_2{}^0,\ x_3{}^0,\ \cdots,\ x_n{}^0)$ を用いて，新しい x_2 を求める。すなわち

$$x_2{}^1=\frac{1}{a_{22}}(b_2-a_{21}x_1{}^1-a_{23}x_3{}^0-\cdots-a_{2n}x_n{}^0)$$

同様にして，$x_3{}^1,\ x_4{}^1,\ \cdots,\ x_{n-1}{}^1$ を求めると，新しい x_n

$$x_n{}^1=\frac{1}{a_{nn}}(b_n-a_{n1}x_1{}^1-a_{n2}x_2{}^1-\cdots-a_{n,n-1}x_{n-1}{}^1)$$

を求めることができる。

これにより，$X_1=(x_1{}^1,\ x_2{}^1,\ \cdots,\ x_n{}^1)$ を得ることができたわけで，この X_1 を用いて上記の手順に従って，X_2，さらに X_3，$\cdots$ を求めるのである。ここで得られたベクトル列 $\{X_n\}$ は解 X に収束する。

つぎに**ガウス・サイデルの反復法**（Gauss-Seidel iteration）のアルゴリズムを示すが，ここで，演算を終了させるために $\|X\|$（ノルムと呼ぶ）を用いているが，これは，$\|X\|=\max\{|x_1|,|x_2|,\cdots,|x_n|\}$ を表すもので，通常 l_∞ と呼び，$\|X\|_\infty$ で表す。l_∞ 以外のノルムを用いて演算を終了させる相対誤差を計算してもよい。

初期値 $XO=(x_1{}^0, x_2{}^0, \cdots, x_n{}^0)$ とし，最大演算回数を N_0 とする。

ループ

→ $k=1$ から N_0 まで

① $i=1$ から n まで

$$x_i=\frac{b_i-\sum_{j=1}^{i-1}a_{ij}x_j-\sum_{j=i+1}^{n}a_{ij}x_j{}^0}{a_{ii}}$$

② IF $\dfrac{\|X-XO\|}{\|X\|}<5\times10^{-t}$ THEN OUTPUT X，STOP.

③ $XO=X$

最大演算回数 N_0 終了後 STOP.

問題付 6.1　連立1次方程式

$$\begin{cases} 5x_1-x_2+x_3=6 \\ x_1+7x_2+3x_3=24 \\ 2x_1+3x_2-10x_3=-22 \end{cases}$$

をガウス・サイデル法を用いて，初期値 $X_0=(0, 0, 0)$ としたときの X_1，X_2 を計算せよ。

問題付 6.2　連立1次方程式

$$\begin{cases} 10x_1-x_2+2x_3=6 \\ -x_1+11x_2-x_3+3x_4=25 \\ 2x_1-x_2+10x_3-x_4=-11 \\ 3x_2-x_3+8x_4=15 \end{cases}$$

をガウス・サイデル法を用いて，初期値 $X_0=(0, 0, 0, 0)$，最大演算回数 $N_0=15$ とし，有効桁数 $t=4$ として演算を終了させるものとする。

D．固　有　値

$n\times n$ 正方行列 A の**固有値**（eigenvalue）とは，ベクトル方程式

$$AX=\lambda X$$

が自明解 $X=\boldsymbol{0}$ 以外の解を持つようなスカラ λ を指していう。さらに，このベクトル方程式の解 X を**固有ベクトル**（eigenvector）と呼ぶ。固有値 λ は，つぎの**固有方程式**（characteristic equation）

$$\det(A-\lambda I)=|A-\lambda I|=0$$

の解として求めることができる。数値的に固有値を求める方法は，**固有多項式** (characteristic polynomial) $\det(A-\lambda I)$ にニュートン法などを用いて解けるので，ぜひ試みられたい。

ここではさらに進んで，より効果のある方法を考えてみることにする。

定理 **付6.1** (Gershgorin) λ を $n\times n$ 正方行列 $A=(a_{ij})$ の固有値とすると

$$|a_{kk}-\lambda|\leqq|a_{k1}|+|a_{k2}|+\cdots+|a_{k,k-1}|+|a_{k,k+1}|+\cdots+|a_{kn}|$$

なる k $(1\leqq k\leqq n)$ が存在する。

【証明】 X を固有値 λ に対する固有ベクトルとすると，X はベクトル方程式 $AX=\lambda X$ を満足する。

ここで，$X=(x_1, x_2, \cdots, x_k, \cdots, x_n)$ として，l_∞ ノルムをとると

$$\|X\|_\infty=\max_{1\leqq i\leqq n}|x_i|=|x_k|$$

が存在するから，よって

$$\left|\frac{x_i}{x_k}\right|\leqq 1 \qquad (i=1, 2, \cdots, n) \quad \text{----------} ①$$

ここで，ベクトル方程式の k 行目は

$$a_{k1}x_1+\cdots+a_{k,k-1}x_{k-1}+(a_{kk}-\lambda)x_k+a_{k,k+1}x_{k+1}+\cdots+a_{kn}x_n=0$$

となるから，これより

$$|a_{kk}-\lambda|=\left|-a_{k1}\frac{x_1}{x_k}-\cdots-a_{k,k-1}\frac{x_{k-1}}{x_k}-a_{k,k+1}\frac{x_{k+1}}{x_k}-\cdots-a_{kn}\frac{x_n}{x_k}\right|$$

$$\leqq\left|a_{k1}\frac{x_1}{x_k}\right|+\cdots+\left|a_{k,k-1}\frac{x_{k-1}}{x_k}\right|+\left|a_{k,k+1}\frac{x_{k+1}}{x_k}\right|+\cdots+\left|a_{kn}\frac{x_n}{x_k}\right|$$

$$\leqq|a_{k1}|+\cdots+|a_{k,k-1}|+|a_{k,k+1}|+|a_{kn}|$$

を得る。

定理によって，行列 A の固有値 λ は，複素平面上で a_{kk} 中心，半径 $\sum_{\substack{i=1\\i\neq k}}|a_{k1}|$ の閉円板内に存在していることを保障されたことになる。

【例 6.2】 行列 A がつぎのように与えられているとき

$$A=\begin{pmatrix} 3 & 2 \\ 2 & -3 \end{pmatrix}$$

中心 3，半径 2 の閉円板内に一つ，さらに中心−3，半径 2 の閉円板内にもう一つの固有値が存在する（**付図 6.1**）。

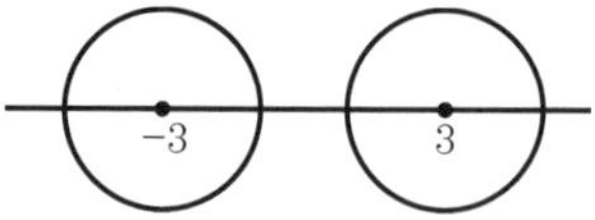

付図 6.1

実際に，二つの固有値は $\sqrt{13}$，$-\sqrt{13}$ である。

$n\times n$ 正方行列 A の固有値を数値計算法で求める最も基本的なものは反復法によるものである。これは，任意の n 次元ベクトル $X_0\neq 0$ から始めて，順に

$$X_1=AX_0,\ X_2=AX_1,\ \cdots,\ X_k=AX_{k-1}$$

を求めていくものである。つぎに定理として固有値がどのように与えられるか示しておく。

定 理 **付 6.2**（Rayleigh） $n\times n$ 実対称行列 A の固有値は k 回の反復計算後，すなわち $X_k=AX_{k-1}$ で，$m_0={}^tX_{k-1}X_{k-1}$，$m_1={}^tX_{k-1}X_k$，$m_2={}^tX_kX_k$ とおくと

$$q=\frac{m_1}{m_0}$$

は A の一つの固有値を近似する。

また，その誤差は

$$|\mathrm{error}|\leqq\sqrt{\frac{m_2}{m_0}-q^2}$$

で与えられる。

7. 本書で使用した記号とギリシャ文字

本書で使用した記号のうち“数”に関するものを掲げておく。

$\boldsymbol{R}$ ：実数　　$\boldsymbol{Z}$：整数

$\boldsymbol{R}^{+}$ ：負でない実数　　$\boldsymbol{N}$：自然数

ギリシャ文字

本書は，初心者向けの教科書であるので，ギリシャ文字を使うことをできるだけさけたが，今後の勉強のためには，ギリシャ文字の使用はさけがたい。ここでは，ギリシャ文字の読みを中心に必要事項を掲げておく。

大文字	小文字	英語名	発音
A	α	alpha	アルファ
B	β	beta	ベータ
Γ	γ	gamma	ガンマ
Δ	δ	delta	デルタ
E	ε, ϵ	epsilon	イプシロン
Z	ζ	zeta	ジータ
H	η	eta	イータ
Θ	θ, ϑ	theta	シータ
I	ι	iota	イオタ
K	κ	kappa	カッパ
Λ	λ	lambda	ラムダ
M	μ	mu	ミュー
N	ν	nu	ニュー
Ξ	ξ	xi	クサイ
O	o	omicron	オミクロン
Π	π	pi	パイ
P	ρ	rho	ロー
Σ	σ	sigma	シグマ
T	τ	tau	タウ
Υ	υ	upsilon	ユプシロン
Φ	ϕ, φ	phi	ファイ
X	χ	chi	カイ
Ψ	ψ	psi	プサイ
Ω	ω	omega	オメガ

参　考　文　献

1）川原雄作，木村哲三，藪　康彦，亀田真澄：線形代数の基礎，共立出版（1994）
2）栗田　稔：新訂版「基礎教養 代数と幾何」，学術図書出版社（1983）
3）金子　晃：ライブラリ数理・情報系の数学講義 2.線形代数講義，サイエンス社（2004）
4）富永　晃：基礎演習 線形代数，聖文新社（1998）
5）水本久夫：線形代数学の基礎，培風館（2000）
6）竹内伸子，泉屋周一，村山光孝：座標幾何学，日科技連出版社（2008）
7）硲野敏博，山田　浩，山辺元雄：理工系の演習線形代数学，学術図書出版社（2002）
8）横井英夫，尼野一夫：数学演習ライブラリ 1.線形代数演習（新訂版）サイエンス社（2003）
9）硲野敏博，加藤芳文：理工系の基礎線形代数学，学術図書出版社（1995）
10）矢野健太郎：教養の数学，裳華房（1968）
11）矢野健太郎：日評数学選書「線形代数」，日本評論社（2001）
12）斉藤　斉，高遠節夫ほか：新訂 線形代数，大日本図書（2007）

問　題　解　答

【1章】

1.1　(1)　$\frac{4}{9}$　　(3)　$\frac{26}{111}$　　(4)　$\frac{289}{495}$

1.2

(1)

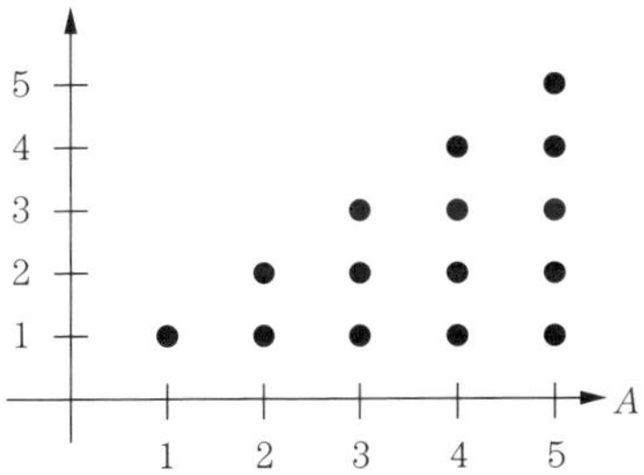

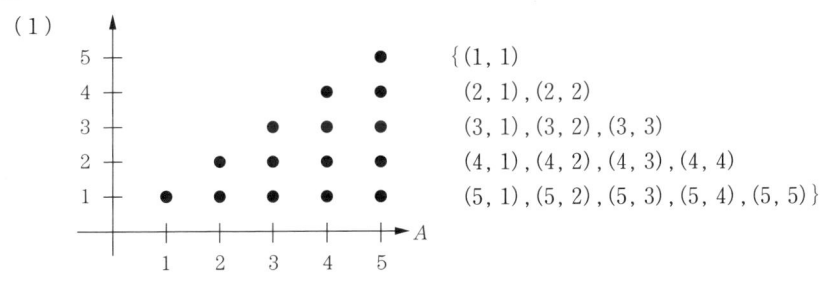

$\{(1, 1)$
$(2, 1), (2, 2)$
$(3, 1), (3, 2), (3, 3)$
$(4, 1), (4, 2), (4, 3), (4, 4)$
$(5, 1), (5, 2), (5, 3), (5, 4), (5, 5)\}$

解図 1

(2)　$\{(1, 2), (1, 3), (1, 4), (1, 5), (1, 6), (1, 7), (1, 8), (1, 9), (1, 10)$
$(2, 3), (2, 4), (2, 5), (2, 6), (2, 7), (2, 8), (2, 9), (2, 10)$
$(3, 4), (3, 5), (3, 6), (3, 7), (3, 8), (3, 9), (3, 10)$
$(4, 5), (4, 6), (4, 7), (4, 8), (4, 9), (4, 10)$
$(5, 6), (5, 7), (5, 8), (5, 9), (5, 10)$
$(6, 7), (6, 8), (6, 9), (6, 10)$
$(7, 8), (7, 9), (7, 10)$
$(8, 9), (8, 10)$
$(9, 10)\}$

1.3

(1)

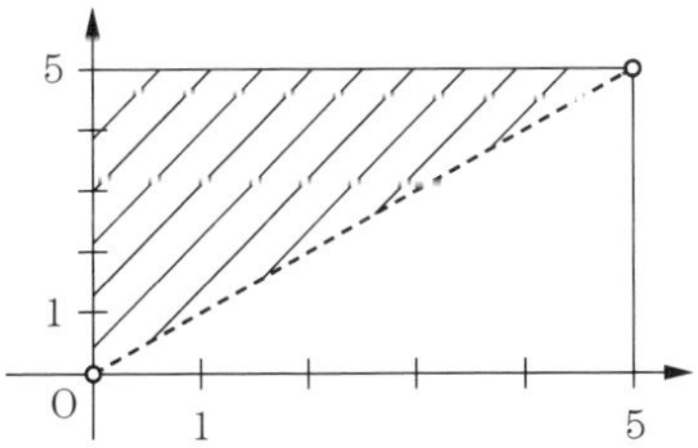

斜線部分，点線部分は含まない

解図 2

(2)

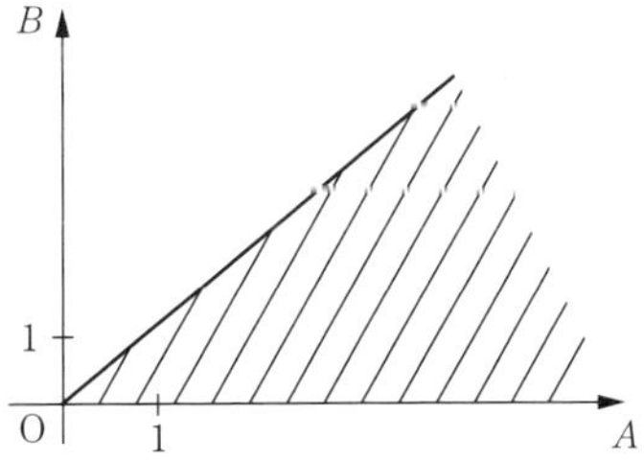

斜線部分，境界含む

解図 3

1.4　（1）　例1.5（3）は，a に対して，二つの要素1，3が対応しているので関数ではない。

例1.5（4）は，b に対して，どの要素も対応していないので関数ではない。

（2）（1）　単射　（2），（3），（4）どちらでもない。(理由省略)

1.5　（1）　定義域：$\boldsymbol{R}$　値　域：$\boldsymbol{R}$　（2）　定義域：$\boldsymbol{R}$　値　域：$\boldsymbol{R}^+$　（3）　定義域：$\boldsymbol{R}$　値　域：$\boldsymbol{R}$

（4）　定義域：$\boldsymbol{R}^+$　値　域：$\boldsymbol{R}^+$　（5）　定義域：$-1 \leqq x \leqq 1$　値　域：$0 \leqq y \leqq 1$

1.6　（1）　定義域：$\boldsymbol{R}$　値　域：$\boldsymbol{R}$　（2）　定義域：$\boldsymbol{R}$　値　域：$\boldsymbol{R}$　（3）　定義域：$\boldsymbol{R}\backslash\{0\}$　値　域：$\boldsymbol{R}\backslash\{0\}$

（4）　定義域：$\boldsymbol{R}\backslash\{1\}$　値　域：$\boldsymbol{R}\backslash\{0\}$　（5）　定義域：$\boldsymbol{R}\backslash\{0\}$　値　域：$\boldsymbol{R}\backslash\{1\}$

1.7　$f(x_1+x_2)=a(x_1+x_2)^3=a(x_1^3+3x_1^2x_2+3x_1x_2^2+x_2^3)$

$$=ax_1^3+3ax_1^2x_2+3ax_1x_2^2+ax_2^3$$

$f(x_1)+f(x_2)=ax_1^3+ax_2^3$ より，線形性を満たさない。

1.8　満たさない。(理由は省略)

1.9　（1）　$\begin{pmatrix} -1 & -5 \\ 35 & 5 \end{pmatrix}$　（2）　$\begin{pmatrix} 13 & -33 \\ -6 & 31 \end{pmatrix}$　（3）　$\begin{pmatrix} -9 & -10 \\ 15 & 8 \end{pmatrix}$

（4）　$\begin{pmatrix} -7 & 25 & -1 \\ 13 & -43 & -1 \end{pmatrix}$　（5）　$\begin{pmatrix} -28 & 20 \\ 21 & -15 \end{pmatrix}$

1.10　（1）　$\begin{pmatrix} -\frac{1}{5} & \frac{3}{5} \\ \frac{2}{5} & -\frac{1}{5} \end{pmatrix}$　（2）　$\begin{pmatrix} -\frac{3}{11} & \frac{4}{11} \\ \frac{2}{11} & \frac{1}{11} \end{pmatrix}$　（3）　$\begin{pmatrix} \frac{5}{13} & -\frac{1}{13} \\ \frac{3}{13} & \frac{2}{13} \end{pmatrix}$

（4）　$\begin{pmatrix} -\frac{1}{28} & \frac{1}{7} \\ \frac{3}{28} & \frac{1}{14} \end{pmatrix}$

1.11　$\begin{pmatrix} 1 & 0 \\ 0 & -1 \end{pmatrix}$　**1.12**　$\begin{pmatrix} 0 & 1 \\ 1 & 0 \end{pmatrix}$　**1.13**　$\begin{pmatrix} 2 & 3 \\ 6 & -1 \end{pmatrix}$　**1.14**　$\begin{pmatrix} 1 & 0 & 0 \\ 0 & 1 & 0 \end{pmatrix}$

1.15　（1）　$\begin{pmatrix} \frac{1}{2} & -\frac{\sqrt{3}}{2} \\ \frac{\sqrt{3}}{2} & \frac{1}{2} \end{pmatrix}$　（2）　$\begin{pmatrix} 0 & -1 \\ 1 & 0 \end{pmatrix}$　（3）　$\begin{pmatrix} -\frac{\sqrt{3}}{2} & -\frac{1}{2} \\ \frac{1}{2} & -\frac{\sqrt{3}}{2} \end{pmatrix}$

(4) $\begin{pmatrix} \frac{1}{2} & \frac{\sqrt{3}}{2} \\ -\frac{\sqrt{3}}{2} & \frac{1}{2} \end{pmatrix}$

1.16 $\begin{pmatrix} \cos\theta & \sin\theta \\ -\sin\theta & \cos\theta \end{pmatrix}$

1.17 $\frac{{y_1}^2}{2} - \frac{{y_2}^2}{2} = 1$

【2章】

2.1 (a) $(6, -2, 4)$　(b) $(1, -1, -3)$　(c) $(2, 0, 5)$
(d) $(13, -3, 16)$

2.2 $(2, -5, 1)$　**2.3** (省略)

2.4 ① $\boldsymbol{u} = (u_1, u_2, \cdots, u_n)$, $\boldsymbol{v} = (v_1, v_2, \cdots, v_n)$ として

$$\begin{aligned} \boldsymbol{u} + \boldsymbol{v} &= (u_1, u_2, \cdots, u_n) + (v_1, v_2, \cdots, v_n) \\ &= (u_1 + v_1, u_2 + v_2, \cdots, u_n + v_n) \\ &= (v_1 + u_1, v_2 + u_2, \cdots, v_n + u_n) \\ &= (v_1, v_2, \cdots, v_n) + (u_1, u_2, \cdots, u_n) \\ &= \boldsymbol{v} + \boldsymbol{u} \end{aligned}$$

②, ③, ④も同様（省略）

2.5 $(26, -36, 41)$

2.6 $|\boldsymbol{u}| = 5\sqrt{2}$,

$\cos\alpha = \frac{2\sqrt{2}}{5}$,　$\cos\beta = -\frac{3\sqrt{2}}{10}$,　$\cos\gamma = -\frac{\sqrt{2}}{2}$

2.7 $|\boldsymbol{u}| = 2$,

$\cos\alpha = \frac{\sqrt{2}}{2}$,　$\cos\beta = -\frac{1}{2}$,　$\cos\gamma = \frac{1}{2}$

$\alpha = \frac{\pi}{4}$,　$\beta = \frac{2\pi}{3}$,　$\gamma = \frac{\pi}{3}$

2.8 $|\boldsymbol{u}| = \sqrt{14}$,　$|\boldsymbol{v}| = \sqrt{26}$,

$\boldsymbol{u} \cdot \boldsymbol{v} = 11$,　$\cos\theta = \frac{11}{2\sqrt{91}} = \frac{11\sqrt{91}}{182}$

2.9 (省略)

2.10 $(u_y v_z - u_z v_y,\ u_z v_x - u_x v_z,\ u_x v_y - u_y v_x)$

2.11 (省略)

2.12 (1) $\boldsymbol{u} \times \boldsymbol{v} = -4\boldsymbol{k}$,　$|\boldsymbol{u} \times \boldsymbol{v}| = |\boldsymbol{v} \times \boldsymbol{u}| = 4$,　$\boldsymbol{v} \times \boldsymbol{u} = 4\boldsymbol{k}$

（2）　$\boldsymbol{u}\times\boldsymbol{v}=-2\boldsymbol{i}+3\boldsymbol{j}+5\boldsymbol{k}$,　$|\boldsymbol{u}\times\boldsymbol{v}|=|\boldsymbol{v}\times\boldsymbol{u}|=\sqrt{38}$

$\boldsymbol{v}\times\boldsymbol{u}=2\boldsymbol{i}-3\boldsymbol{j}-5\boldsymbol{k}$

（3）　$\boldsymbol{u}\times\boldsymbol{v}=\boldsymbol{v}\times\boldsymbol{u}=\boldsymbol{0}$,　$|\boldsymbol{u}\times\boldsymbol{v}|=|\boldsymbol{v}\times\boldsymbol{u}|=0$

（4）　$\boldsymbol{u}\times\boldsymbol{v}=-2\boldsymbol{i}+8\boldsymbol{j}+7\boldsymbol{k}$,　$|\boldsymbol{u}\times\boldsymbol{v}|=|\boldsymbol{v}\times\boldsymbol{u}|=3\sqrt{13}$

$\boldsymbol{v}\times\boldsymbol{u}=2\boldsymbol{i}-8\boldsymbol{j}-7\boldsymbol{k}$

【3章】

3.1　（1）$\begin{pmatrix}-6 & -9\\ 1 & 27\end{pmatrix}$　（2）$\begin{pmatrix}8 & 12\\ 38 & -21\end{pmatrix}$　（3）$\begin{pmatrix}21 & 9\\ -10 & -34\end{pmatrix}$

（4）$\begin{pmatrix}15 & -9 & 12\\ 2 & -46 & 24\end{pmatrix}$　（5）$\begin{pmatrix}10 & -15\\ -9 & 17\end{pmatrix}$　（6）$\begin{pmatrix}6 & 3\\ 0 & -24\\ -4 & 6\end{pmatrix}$

（7）$\begin{pmatrix}2 & 3\\ -1 & 5\end{pmatrix}$　（8）$\begin{pmatrix}2 & 1\\ -4 & 5\\ 3 & -2\end{pmatrix}$

（9），(10)，(11)，(12)　（省略）

3.2

$$A+B=\begin{pmatrix}1 & 9 & 2\\ 5 & 5 & 8\\ 2 & 2 & 14\end{pmatrix},\qquad A-B=\begin{pmatrix}-5 & -9 & 6\\ 5 & 1 & -6\\ 4 & -6 & 4\end{pmatrix},$$

$$AB=\begin{pmatrix}-10 & -2 & 24\\ 14 & 55 & 16\\ 0 & 59 & 25\end{pmatrix},\qquad BA=\begin{pmatrix}33 & 31 & 3\\ 31 & -8 & 65\\ 37 & 2 & 45\end{pmatrix}$$

${}^tA{}^tB, {}^tB{}^tA$　（省略）

3.3

（1）

$$\left(\begin{array}{cc|cc}2 & 1 & 1 & 0\\ 3 & -5 & 0 & 1\end{array}\right)\ R_1\div 2\to R_1\ \left(\begin{array}{cc|cc}1 & \frac{1}{2} & \frac{1}{2} & 0\\ 3 & -5 & 0 & 1\end{array}\right)\ R_1\times(-3)+R_2\to R_2$$

$$\left(\begin{array}{cc|cc}1 & \frac{1}{2} & \frac{1}{2} & 0\\ 0 & -\frac{13}{2} & -\frac{3}{2} & 1\end{array}\right)\quad R_2\times\left(-\frac{2}{13}\right)\to R_2\ \left(\begin{array}{cc|cc}1 & \frac{1}{2} & \frac{1}{2} & 0\\ 0 & 1 & \frac{3}{13} & -\frac{2}{13}\end{array}\right)$$

$$R_2\times\left(-\frac{1}{2}\right)+R_1\to R_1\quad \left(\begin{array}{cc|cc}1 & 0 & \frac{5}{13} & \frac{1}{13}\\ 0 & 1 & \frac{3}{13} & -\frac{2}{13}\end{array}\right)$$

$$A^{-1}=\begin{pmatrix} \frac{5}{13} & \frac{1}{13} \\ \frac{3}{13} & -\frac{2}{13} \end{pmatrix}$$

（2）$\left(\begin{array}{ccc|ccc} 1 & 2 & 0 & 1 & 0 & 0 \\ 0 & 1 & -1 & 0 & 1 & 0 \\ -2 & 0 & 0 & 0 & 0 & 1 \end{array}\right)$ $R_1\times 2+R_3\to R_3$ $\left(\begin{array}{ccc|ccc} 1 & 2 & 0 & 1 & 0 & 0 \\ 0 & 1 & -1 & 0 & 1 & 0 \\ 0 & 4 & 0 & 2 & 0 & 1 \end{array}\right)$

$R_2\times(-2)+R_1\to R_1$
$R_2\times(-4)+R_3\to R_3$ $\left(\begin{array}{ccc|ccc} 1 & 0 & 2 & 1 & -2 & 0 \\ 0 & 1 & -1 & 0 & 1 & 0 \\ 0 & 0 & 4 & 2 & -4 & 1 \end{array}\right)$

$R_3\div 4\to R_3$ $\left(\begin{array}{ccc|ccc} 1 & 0 & 2 & 1 & -2 & 0 \\ 0 & 1 & -1 & 0 & 1 & 0 \\ 0 & 0 & 1 & \frac{1}{2} & -1 & \frac{1}{4} \end{array}\right)$

$R_3\times(-2)+R_1\to R_1$
$R_3+R_2\to R_2$ $\left(\begin{array}{ccc|ccc} 1 & 0 & 0 & 0 & 0 & -\frac{1}{2} \\ 0 & 1 & 0 & \frac{1}{2} & 0 & \frac{1}{4} \\ 0 & 0 & 1 & \frac{1}{2} & -1 & \frac{1}{4} \end{array}\right)$

$$A^{-1}=\begin{pmatrix} 0 & 0 & -\frac{1}{2} \\ \frac{1}{2} & 0 & \frac{1}{4} \\ \frac{1}{2} & -1 & \frac{1}{4} \end{pmatrix}$$

3.4　（1）$\left(\begin{array}{ccc|ccc} -2 & 3 & 1 & 1 & 0 & 0 \\ 1 & 0 & 4 & 0 & 1 & 0 \\ 5 & 6 & -3 & 0 & 0 & 1 \end{array}\right)$ $R_1\div(-2)\to R_1$

$\left(\begin{array}{ccc|ccc} 1 & -\frac{3}{2} & -\frac{1}{2} & -\frac{1}{2} & 0 & 0 \\ 1 & 0 & 4 & 0 & 1 & 0 \\ 5 & 6 & -3 & 0 & 0 & 1 \end{array}\right)$

$R_1\times(-1)+R_2\to R_2$
$R_1\times(-5)+R_3\to R_3$ $\left(\begin{array}{ccc|ccc} 1 & -\frac{3}{2} & -\frac{1}{2} & -\frac{1}{2} & 0 & 0 \\ 0 & \frac{3}{2} & \frac{9}{2} & \frac{1}{2} & 1 & 0 \\ 0 & \frac{27}{2} & -\frac{1}{2} & \frac{5}{2} & 0 & 1 \end{array}\right)$

$$R_2\times\left(\frac{2}{3}\right)\to R_2\quad\left(\begin{array}{ccc|ccc}1 & -\frac{3}{2} & -\frac{1}{2} & -\frac{1}{2} & 0 & 0\\ 0 & 1 & 3 & \frac{1}{3} & \frac{2}{3} & 0\\ 0 & \frac{27}{2} & -\frac{1}{2} & \frac{5}{2} & 0 & 1\end{array}\right)$$

$$\begin{array}{l}R_2\times\left(\frac{3}{2}\right)+R_1\to R_1\\ R_2\times\left(-\frac{27}{2}\right)+R_3\to R_3\end{array}\quad\left(\begin{array}{ccc|ccc}1 & 0 & 4 & 0 & 1 & 0\\ 0 & 1 & 3 & \frac{1}{3} & \frac{2}{3} & 0\\ 0 & 0 & -41 & -2 & -9 & 1\end{array}\right)$$

$$R_3\div(-41)\to R_3\quad\left(\begin{array}{ccc|ccc}1 & 0 & 4 & 0 & 1 & 0\\ 0 & 1 & 3 & \frac{1}{3} & \frac{2}{3} & 0\\ 0 & 0 & 1 & \frac{2}{41} & \frac{9}{41} & -\frac{1}{41}\end{array}\right)$$

$$\begin{array}{l}R_3\times(-4)+R_1\to R_1\\ R_3\times(-3)+R_2\to R_2\end{array}\quad\left(\begin{array}{ccc|ccc}1 & 0 & 0 & -\frac{8}{41} & \frac{5}{41} & \frac{4}{41}\\ 0 & 1 & 0 & \frac{23}{123} & \frac{1}{123} & \frac{3}{41}\\ 0 & 0 & 1 & \frac{2}{41} & \frac{9}{41} & -\frac{1}{41}\end{array}\right),$$

$$A^{-1}=\begin{pmatrix}-\frac{8}{41} & \frac{5}{41} & \frac{4}{41}\\ \frac{23}{123} & \frac{1}{123} & \frac{3}{41}\\ \frac{2}{41} & \frac{9}{41} & -\frac{1}{41}\end{pmatrix}$$

(2) $$\left(\begin{array}{ccc|ccc}4 & -1 & 0 & 1 & 0 & 0\\ 2 & 1 & -3 & 0 & 1 & 0\\ 0 & 3 & -2 & 0 & 0 & 1\end{array}\right)\quad R_1\div 4\to R_1\quad\left(\begin{array}{ccc|ccc}1 & -\frac{1}{4} & 0 & \frac{1}{4} & 0 & 0\\ 2 & 1 & -3 & 0 & 1 & 0\\ 0 & 3 & -2 & 0 & 0 & 1\end{array}\right)$$

$$R_1\times(-2)+R_2\to R_2\quad\left(\begin{array}{ccc|ccc}1 & -\frac{1}{4} & 0 & \frac{1}{4} & 0 & 0\\ 0 & \frac{3}{2} & -3 & -\frac{1}{2} & 1 & 0\\ 0 & 3 & -2 & 0 & 0 & 1\end{array}\right)$$

$$R_2\times\left(\frac{2}{3}\right)\to R_2\quad\left(\begin{array}{ccc|ccc}1 & -\frac{1}{4} & 0 & \frac{1}{4} & 0 & 0\\ 0 & 1 & -2 & -\frac{1}{3} & \frac{2}{3} & 0\\ 0 & 3 & -2 & 0 & 0 & 1\end{array}\right)$$

$$\begin{array}{l}R_2\times\left(\frac{1}{4}\right)+R_1\to R_1\\ R_2\times(-3)+R_3\to R_3\end{array}\quad\left(\begin{array}{ccc|ccc}1 & 0 & -\frac{1}{2} & \frac{1}{6} & \frac{1}{6} & 0\\ 0 & 1 & -2 & -\frac{1}{3} & \frac{2}{3} & 0\\ 0 & 0 & 4 & 1 & -2 & 1\end{array}\right)$$

$$R_3\div 4\to R_3\quad\left(\begin{array}{ccc|ccc}1 & 0 & -\frac{1}{2} & \frac{1}{6} & \frac{1}{6} & 0\\ 0 & 1 & -2 & -\frac{1}{3} & \frac{2}{3} & 0\\ 0 & 0 & 1 & \frac{1}{4} & -\frac{1}{2} & \frac{1}{4}\end{array}\right)$$

$$\begin{array}{l}R_3\times\left(\frac{1}{2}\right)+R_1\to R_1\\ R_3\times 2+R_2\to R_2\end{array}\quad\left(\begin{array}{ccc|ccc}1 & 0 & 0 & \frac{7}{24} & -\frac{1}{12} & \frac{1}{8}\\ 0 & 1 & 0 & \frac{1}{6} & -\frac{1}{3} & \frac{1}{2}\\ 0 & 0 & 1 & \frac{1}{4} & -\frac{1}{2} & \frac{1}{4}\end{array}\right),$$

$$A^{-1}=\begin{pmatrix}\frac{7}{24} & -\frac{1}{12} & \frac{1}{8}\\ \frac{1}{6} & -\frac{1}{3} & \frac{1}{2}\\ \frac{1}{4} & -\frac{1}{2} & \frac{1}{4}\end{pmatrix}$$

3.5　(1)

$$\left(\begin{array}{cc|c}3 & 2 & 5\\ 4 & -1 & 6\end{array}\right)\quad R_1\div 3\to R_1\quad\left(\begin{array}{cc|c}1 & \frac{2}{3} & \frac{5}{3}\\ 4 & -1 & 6\end{array}\right)\quad R_1\times(-4)+R_2\to R_2$$

$$\left(\begin{array}{cc|c}1 & \frac{2}{3} & \frac{5}{3}\\ 0 & -\frac{11}{3} & -\frac{2}{3}\end{array}\right)\quad R_2\times\left(-\frac{3}{11}\right)\to R_2\quad\left(\begin{array}{cc|c}1 & \frac{2}{3} & \frac{5}{3}\\ 0 & 1 & \frac{2}{11}\end{array}\right)$$

$$R_2\times\left(-\frac{2}{3}\right)+R_1\to R_1\quad\left(\begin{array}{cc|c}1 & 0 & \frac{17}{11}\\ 0 & 1 & \frac{2}{11}\end{array}\right),\qquad\left\{\begin{array}{l}x_1=\frac{17}{11}\\ x_2=\frac{2}{11}\end{array}\right.$$

（2）$\left(\begin{array}{cc|c} 2 & 6 & 8 \\ 1 & 3 & 4 \end{array}\right)$ $R_1 \longleftrightarrow R_2$ $\left(\begin{array}{cc|c} 1 & 3 & 4 \\ 2 & 6 & 8 \end{array}\right)$ $R_1 \times (-2) + R_2 \to R_2$ $\left(\begin{array}{cc|c} 1 & 3 & 4 \\ 0 & 0 & 0 \end{array}\right)$

これより，$x_1 + 3x_2 = 4$，$x_2 = r$ とおいて，$x_1 = 4 - 3r$　（不定）

（3）$\left(\begin{array}{cc|c} 1 & -2 & -1 \\ 4 & -5 & 2 \end{array}\right)$ $R_1 \times (-4) + R_2 \to R_2$ $\left(\begin{array}{cc|c} 1 & -2 & -1 \\ 0 & 3 & 6 \end{array}\right)$

$R_2 \div 3 \to R_2$ $\left(\begin{array}{cc|c} 1 & -2 & -1 \\ 0 & 1 & 2 \end{array}\right)$ $R_2 \times 2 + R_1 \to R_1$ $\left(\begin{array}{cc|c} 1 & 0 & 3 \\ 0 & 1 & 2 \end{array}\right)$，　$\begin{cases} x_1 = 3 \\ x_2 = 2 \end{cases}$

（4）$\left(\begin{array}{cc|c} -2 & 4 & 7 \\ 5 & -10 & 3 \end{array}\right)$ $R_1 \div (-2) \to R_1$ $\left(\begin{array}{cc|c} 1 & -2 & -\frac{7}{2} \\ 5 & -10 & 3 \end{array}\right)$

$R_1 \times (-5) + R_2 \to R_2$ $\left(\begin{array}{cc|c} 1 & -2 & -\frac{7}{2} \\ 0 & 0 & \frac{41}{2} \end{array}\right)$，　不能

3.6 $\left(\begin{array}{ccc|c} 1 & 2 & 4 & 3 \\ -3 & 3 & 5 & -4 \\ 5 & 4 & -2 & 6 \end{array}\right)$ $\begin{array}{l} R_1 \times 3 + R_2 \to R_2 \\ R_1 \times (-5) + R_3 \to R_3 \end{array}$ $\left(\begin{array}{ccc|c} 1 & 2 & 4 & 3 \\ 0 & 9 & 17 & 5 \\ 0 & -6 & -22 & -9 \end{array}\right)$

$R_2 \div 9 \to R_2$ $\left(\begin{array}{ccc|c} 1 & 2 & 4 & 3 \\ 0 & 1 & \frac{17}{9} & \frac{5}{9} \\ 0 & -6 & -22 & -9 \end{array}\right)$ $\begin{array}{l} R_2 \times (-2) + R_1 \to R_1 \\ R_2 \times 6 + R_3 \to R_3 \end{array}$

$\left(\begin{array}{ccc|c} 1 & 0 & \frac{2}{9} & \frac{17}{9} \\ 0 & 1 & \frac{17}{9} & \frac{5}{9} \\ 0 & 0 & -\frac{32}{3} & -\frac{17}{3} \end{array}\right)$ $R_3 \times \left(-\frac{3}{32}\right) \to R_3$ $\left(\begin{array}{ccc|c} 1 & 0 & \frac{2}{9} & \frac{17}{9} \\ 0 & 1 & \frac{17}{9} & \frac{5}{9} \\ 0 & 0 & 1 & \frac{17}{32} \end{array}\right)$

$\begin{array}{l} R_3 \times \left(-\frac{2}{9}\right) + R_1 \to R_1 \\ R_3 \times \left(-\frac{17}{9}\right) + R_2 \to R_2 \end{array}$ $\left(\begin{array}{ccc|c} 1 & 0 & 0 & \frac{85}{48} \\ 0 & 1 & 0 & -\frac{43}{96} \\ 0 & 0 & 1 & \frac{17}{32} \end{array}\right)$

3.7（1）$\left(\begin{array}{ccc|c} -1 & 7 & 11 & 5 \\ 3 & -2 & 1 & -3 \\ 2 & 5 & -2 & 4 \end{array}\right)$ $R_1 \times (-1) \to R_1$ $\left(\begin{array}{ccc|c} 1 & -7 & -11 & -5 \\ 3 & -2 & 1 & -3 \\ 2 & 5 & -2 & 4 \end{array}\right)$

$$R_1\times(-3)+R_2\to R_2,\quad R_1\times(-2)+R_3\to R_3\quad \left(\begin{array}{ccc|c}1&-7&-11&-5\\0&19&34&12\\0&19&20&14\end{array}\right)\quad R_2\div 19\to R_2$$

$$\left(\begin{array}{ccc|c}1&-7&-11&-5\\0&1&\frac{34}{19}&\frac{12}{19}\\0&19&20&14\end{array}\right)\quad R_2\times(-19)+R_3\to R_3\quad \left(\begin{array}{ccc|c}1&-7&-11&-5\\0&1&\frac{34}{19}&\frac{12}{19}\\0&0&-14&2\end{array}\right)$$

$$R_3\div(-14)\to R_3\quad \left(\begin{array}{ccc|c}1&-7&-11&-5\\0&1&\frac{34}{19}&\frac{12}{19}\\0&0&1&-\frac{1}{7}\end{array}\right),$$

$$\begin{cases} x_1-7x_2-11x_3=-5 & \text{-------}\ ① \\ x_2+\frac{34}{19}x_3=\frac{12}{19} & \text{-------}\ ② \\ x_3=-\frac{1}{7} & \text{-------}\ ③ \end{cases}$$

③より　$x_3=-\frac{1}{7}$　　②より　$x_2=\frac{12}{19}-\frac{34}{19}\times\left(-\frac{1}{7}\right)=\frac{118}{133}$

①より　$x_1=-5+7\times\left(\frac{118}{133}\right)+11\times\left(-\frac{1}{7}\right)=-\frac{48}{133}$

(2)　$\left(\begin{array}{ccc|c}4&1&-2&5\\-2&3&1&4\\1&-4&-2&-7\end{array}\right)\quad R_1\longleftrightarrow R_3\quad \left(\begin{array}{ccc|c}1&-4&-2&-7\\-2&3&1&4\\4&1&-2&5\end{array}\right)$

$$R_1\times 2+R_2\to R_2,\quad R_1\times(-4)+R_3\to R_3\quad \left(\begin{array}{ccc|c}1&-4&-2&-7\\0&-5&-3&-10\\0&17&6&33\end{array}\right)\quad R_2\div(-5)\to R_2$$

$$\left(\begin{array}{ccc|c}1&-4&-2&-7\\0&1&\frac{3}{5}&2\\0&17&6&33\end{array}\right)\quad R_2\times(-17)+R_3\to R_3\quad \left(\begin{array}{ccc|c}1&-4&-2&-7\\0&1&\frac{3}{5}&2\\0&0&-\frac{21}{5}&-1\end{array}\right)$$

$$R_3\times\left(-\frac{5}{21}\right)\to R_3\quad \left(\begin{array}{ccc|c}1&-4&-2&-7\\0&1&\frac{3}{5}&2\\0&0&1&\frac{5}{21}\end{array}\right),$$

$$\begin{cases} x_1-4x_2-2x_3=-7 & \text{-------} ① \\ x_2+\dfrac{3}{5}x_3=2 & \text{-------} ② \\ x_3=\dfrac{5}{21} & \text{-------} ③ \end{cases}$$

③より $x_3=\dfrac{5}{21}$　　②より $x_2=2-\dfrac{3}{5}\times\left(\dfrac{5}{21}\right)=\dfrac{13}{7}$

①より $x_1=-7+4x_2+2x_3$

$$=-7+4\times\left(\frac{13}{7}\right)+2\times\left(\frac{5}{21}\right)=\frac{19}{21}$$

3.8
$$\begin{pmatrix} 1 & 2 & 4 & 3 \\ 0 & 9 & 17 & 5 \\ 0 & 0 & -2 & 3 \\ 0 & 0 & 0 & 0 \end{pmatrix} \quad C_3\times\left(\frac{3}{2}\right)+C_4\to C_4 \quad \begin{pmatrix} 1 & 2 & 4 & 9 \\ 0 & 9 & 17 & \dfrac{61}{2} \\ 0 & 0 & -2 & 0 \\ 0 & 0 & 0 & 0 \end{pmatrix}$$

$$C_2\times\left(-\frac{61}{18}\right)+C_4\to C_4 \quad \begin{pmatrix} 1 & 2 & 4 & \dfrac{20}{9} \\ 0 & 9 & 17 & 0 \\ 0 & 0 & -2 & 0 \\ 0 & 0 & 0 & 0 \end{pmatrix}$$

$$C_1\times\left(-\frac{20}{9}\right)+C_4\to C_4 \begin{pmatrix} 1 & 2 & 4 & 0 \\ 0 & 9 & 17 & 0 \\ 0 & 0 & -2 & 0 \\ 0 & 0 & 0 & 0 \end{pmatrix}$$ （以下省略）

3.9 （1）
$$\begin{pmatrix} 1 & 2 & 3 \\ 4 & 5 & 6 \\ 7 & 8 & 9 \end{pmatrix} \quad \begin{matrix} R_1\times(-4)+R_2\to R_2 \\ R_1\times(-7)+R_3\to R_3 \end{matrix} \quad \begin{pmatrix} 1 & 2 & 3 \\ 0 & -3 & -6 \\ 0 & -6 & -12 \end{pmatrix}$$

$$R_2\times(-2)+R_3\to R_3 \quad \begin{pmatrix} 1 & 2 & 3 \\ 0 & -3 & -6 \\ 0 & 0 & 0 \end{pmatrix}$$

$\mathrm{rank}\, A=2$

（2） $\mathrm{rank}\, A=3$

【4章】

4.1 (1) $\psi\phi=\begin{pmatrix}1&2&3\\2&1&3\end{pmatrix}$,　$\phi\psi=\begin{pmatrix}1&2&3\\3&2&1\end{pmatrix}$,　$\phi^{-1}=\begin{pmatrix}3&1&2\\1&2&3\end{pmatrix}=\begin{pmatrix}1&2&3\\2&3&1\end{pmatrix}$

(2) $\psi\phi=\begin{pmatrix}1&2&3&4\\2&1&3&4\end{pmatrix}$,　$\phi\psi=\begin{pmatrix}1&2&3&4\\4&2&3&1\end{pmatrix}$,

$\phi^{-1}=\begin{pmatrix}4&1&2&3\\1&2&3&4\end{pmatrix}=\begin{pmatrix}1&2&3&4\\2&3&4&1\end{pmatrix}$

4.2 (1) 偶置換

例として $(1\ \ 3)(2\ \ 3)$

(2) 偶置換

例として $(1\ \ 2)(2\ \ 3)$

(3) 奇置換

例として $(1\ \ 4)(2\ \ 4)(3\ \ 4)$

(4) 偶置換

例として $(1\ \ 3)(2\ \ 4)$

4.3 (1) 14　(2) -5　(3) -51

4.4 (1) $$\begin{vmatrix}1&-2&7\\-5&14&-20\\4&-9&30\end{vmatrix}\begin{matrix}R_1\times5+R_2\to R_2\\R_1\times(-4)+R_3\to R_3\end{matrix}=\begin{vmatrix}1&-2&7\\0&4&15\\0&-1&2\end{vmatrix}=8-(-15)=23$$

(2) 66　(3) -900

4.5 (1) $$\begin{vmatrix}1&-3&2&5\\-2&4&7&3\\0&-6&2&-4\\-1&5&-8&-2\end{vmatrix}\begin{matrix}R_1\times2+R_2\to R_2\\R_1+R_4\to R_4\end{matrix}=\begin{vmatrix}1&-3&2&5\\0&-2&11&13\\0&-6&2&4\\0&2&-6&3\end{vmatrix}$$

$$=1\cdot(-1)^2\begin{vmatrix}-2&11&13\\-6&2&-4\\2&-6&3\end{vmatrix}\begin{matrix}R_1\times(-3)+R_2\to R_2\\R_1+R_3\to R_3\end{matrix}=\begin{vmatrix}-2&11&13\\0&-31&-43\\0&5&16\end{vmatrix}$$

$$=(-2)\cdot(-1)^2\begin{vmatrix}-31&-43\\5&16\end{vmatrix}=562$$

(2) -925

4.6 (1) $\tilde{A}=\begin{pmatrix}5&-4\\1&2\end{pmatrix}$

$$A^{-1}=\frac{1}{|A|}\tilde{A}=\begin{pmatrix}\dfrac{5}{6}&-\dfrac{2}{3}\\-\dfrac{1}{6}&\dfrac{1}{3}\end{pmatrix}$$

(2) $\tilde{A}=\begin{pmatrix}-5&-7&-11\\-1&-1&-2\\4&5&8\end{pmatrix}$

$$A^{-1}=\frac{1}{|A|}\tilde{A}=\begin{pmatrix}-5&-7&-11\\-1&-1&-2\\4&5&8\end{pmatrix}$$

（3）

$$\tilde{A}=\begin{pmatrix} 3 & 4 & -10 \\ 6 & 8 & -7 \\ -2 & -7 & 11 \end{pmatrix}$$

$$A^{-1}=\frac{1}{|A|}\tilde{A}=\begin{pmatrix} \frac{3}{13} & \frac{4}{13} & -\frac{10}{13} \\ \frac{6}{13} & \frac{8}{13} & -\frac{7}{13} \\ -\frac{2}{13} & -\frac{7}{13} & \frac{11}{13} \end{pmatrix}$$

4.7　$|A| \neq 0$ として，

$$|A\tilde{A}|=|A||\tilde{A}|=||A|E_{(n)}|=|A|^n$$

これより，$|\tilde{A}|=\dfrac{|A|^n}{|A|}=|A|^{n-1}$

4.8　（1）　$|A|=-7$ より，$x_1=\dfrac{4}{7}$，$x_2=-\dfrac{5}{7}$

（2）　$|A|=5$ より，$x_1=\dfrac{6}{5}$，$x_2=\dfrac{13}{5}$

（3）　$|A|=-12$ より，$x_1=1$，$x_2=-1$，$x_3=0$

4.9　（1）　$S=33$　　（2）　$V=73$

【5章】

5.1　（省略）

5.2　（1）　1次独立　　（2）　1次従属　　（3）　1次独立　　（4）　1次従属

5.3　（1）　固有値 $\lambda=3,\ -1$

$\lambda=3$ のとき，　　$\lambda=-1$ のとき，

$$\boldsymbol{u}=c_1\begin{pmatrix} 1 \\ 1 \end{pmatrix} \qquad \boldsymbol{v}=c_2\begin{pmatrix} -1 \\ 1 \end{pmatrix}$$

（2）　固有値 $\lambda=2+\sqrt{5},\ 2-\sqrt{5}$

$\lambda=2+\sqrt{5}$ のとき，　　$\lambda=2-\sqrt{5}$ のとき，

$$\boldsymbol{u}=c_1\begin{pmatrix} 1 \\ \frac{1-\sqrt{5}}{2} \end{pmatrix} \qquad \boldsymbol{v}=c_2\begin{pmatrix} 1 \\ \frac{1+\sqrt{5}}{2} \end{pmatrix}$$

5.4　（省略）

5.5 （1） 固有値 $\lambda=0$，1 より
対角化可能

$$P=\begin{pmatrix}1 & 2\\ 1 & 1\end{pmatrix}$$

$$P^{-1}AP=\begin{pmatrix}0 & 0\\ 0 & 1\end{pmatrix}$$

（2） 固有値 $\lambda=2$（重解）
1 次独立な二つのベクトルが
存在しないので，対角化できない。

（3） 固有値 $\lambda=5$，-2 より
対角化可能

$$P=\begin{pmatrix}3 & 1\\ 4 & -1\end{pmatrix}$$

$$P^{-1}AP=\begin{pmatrix}5 & 0\\ 0 & -2\end{pmatrix}$$

（4） 固有値 $\lambda=1$，-1 より
対角化可能

$$P=\begin{pmatrix}1 & 1\\ 1 & -1\end{pmatrix}$$

$$P^{-1}AP=\begin{pmatrix}1 & 0\\ 0 & -1\end{pmatrix}$$

（5） 固有値 $\lambda=1$，$\sqrt{5}$，$-\sqrt{5}$ より
対角化可能

$$P=\begin{pmatrix}0 & 1 & 1\\ 0 & \dfrac{\sqrt{5}-1}{2} & \dfrac{-\sqrt{5}-1}{2}\\ 1 & 0 & 0\end{pmatrix}$$

$$P^{-1}AP=\begin{pmatrix}1 & 0 & 0\\ 0 & \sqrt{5} & 0\\ 0 & 0 & -\sqrt{5}\end{pmatrix}$$

（6） 固有値 $\lambda=0$，1（重解）
対角化可能

$$P=\begin{pmatrix}-1 & -1 & 1\\ 1 & 1 & 0\\ -\dfrac{1}{2} & 0 & 1\end{pmatrix}$$

$$P^{-1}AP=\begin{pmatrix}0 & 0 & 0\\ 0 & 1 & 0\\ 0 & 0 & 1\end{pmatrix}$$

5.6 （1） $\begin{pmatrix}243 & 0\\ 0 & -32\end{pmatrix}$　（2） $\begin{pmatrix}1094 & 1093\\ 1093 & 1094\end{pmatrix}$

5.7

$$\phi_A(\lambda)=|A-\lambda E|=\begin{vmatrix}a_{11}-\lambda & a_{12}\\ a_{21} & a_{22}-\lambda\end{vmatrix}=(a_{11}-\lambda)(a_{22}-\lambda)-a_{12}a_{21}$$

$$=\lambda^2-(a_{11}+a_{22})\lambda+a_{11}a_{22}-a_{12}a_{21}$$

より，ケーリー・ハミルトンの定理を用いて。（以下省略）

5.8 （1）

$$A^{-1}=\frac{1}{-10}\left(\begin{pmatrix}-1 & -3\\ -4 & -2\end{pmatrix}+3\begin{pmatrix}1 & 0\\ 0 & 1\end{pmatrix}\right)=\begin{pmatrix}-\dfrac{1}{5} & \dfrac{3}{10}\\ \dfrac{2}{5} & -\dfrac{1}{10}\end{pmatrix}$$

（2） 同様にして，$A^{-1}=\begin{pmatrix}-1 & -2\\ -2 & -3\end{pmatrix}$

5.9 $AB{}^t(AB)=AB{}^tB{}^tA=AE{}^tA=A{}^tA=E$ より

5.10

（1）（問題 5.3（1）より）

$$R=\begin{pmatrix} \frac{1}{\sqrt{2}} & -\frac{1}{\sqrt{2}} \\ \frac{1}{\sqrt{2}} & \frac{1}{\sqrt{2}} \end{pmatrix}$$

$$R^{-1}=\begin{pmatrix} \frac{1}{\sqrt{2}} & \frac{1}{\sqrt{2}} \\ -\frac{1}{\sqrt{2}} & \frac{1}{\sqrt{2}} \end{pmatrix}$$

$$R^{-1}AR=\begin{pmatrix} 3 & 0 \\ 0 & -1 \end{pmatrix}$$

（2）

$$R=\begin{pmatrix} \frac{\sqrt{3}}{2} & -\frac{1}{2} \\ \frac{1}{2} & \frac{\sqrt{3}}{2} \end{pmatrix}$$

$$R^{-1}=\begin{pmatrix} \frac{\sqrt{3}}{2} & \frac{1}{2} \\ -\frac{1}{2} & \frac{\sqrt{3}}{2} \end{pmatrix}$$

$$R^{-1}AR=\begin{pmatrix} 2 & 0 \\ 0 & -2 \end{pmatrix}$$

5.11（1）

$$R=\begin{pmatrix} \frac{1}{\sqrt{2}} & -\frac{1}{\sqrt{2}} \\ \frac{1}{\sqrt{2}} & \frac{1}{\sqrt{2}} \end{pmatrix}$$

$$\begin{pmatrix} x \\ y \end{pmatrix}=\begin{pmatrix} \frac{1}{\sqrt{2}} & -\frac{1}{\sqrt{2}} \\ \frac{1}{\sqrt{2}} & \frac{1}{\sqrt{2}} \end{pmatrix}\begin{pmatrix} x' \\ y' \end{pmatrix}$$ より

標準形は $3x'^2-y'^2$

グラフは，$\theta=\frac{\pi}{4}$ 回転の座標変換によって，標準形

$3x'^2-y'^2=1$

（2）

$$R=\begin{pmatrix} \frac{3}{5} & \frac{4}{5} \\ -\frac{4}{5} & \frac{3}{5} \end{pmatrix}$$

$$\begin{pmatrix} x \\ y \end{pmatrix}=\begin{pmatrix} \frac{3}{5} & \frac{4}{5} \\ -\frac{4}{5} & \frac{3}{5} \end{pmatrix}\begin{pmatrix} x' \\ y' \end{pmatrix}$$ より

標準形は $-15x'^2+10y'^2$

グラフは，$\cos\theta=\frac{3}{5}$，$\sin\theta=-\frac{4}{5}$ の θ 回転の座標変換により，標準形

$-15x'^2+10y'^2=1$

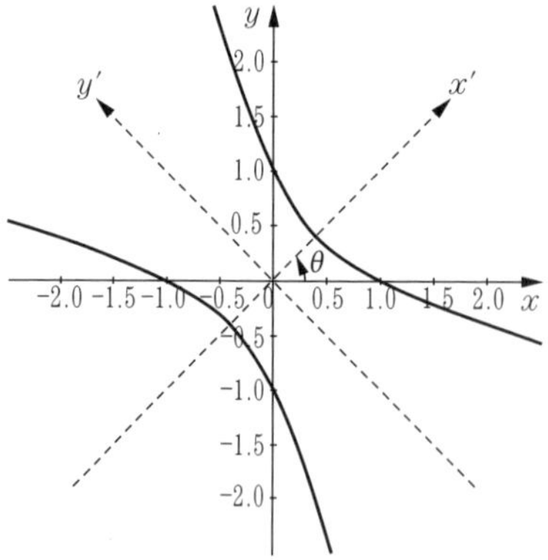

解図 4

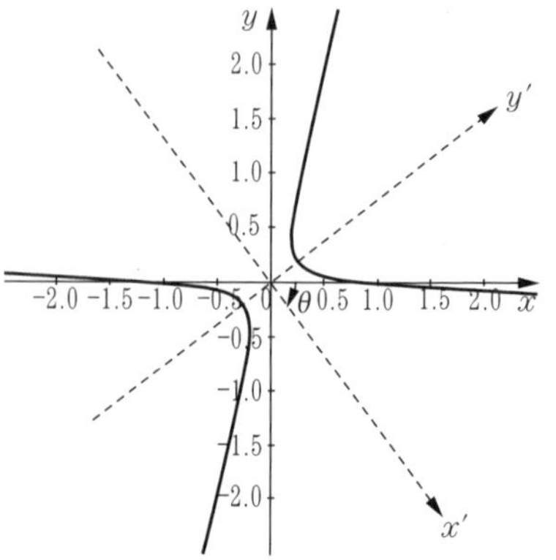

解図 5

【6 章】

6.1　$f\left(\begin{pmatrix}1\\-1\end{pmatrix}\right)=\begin{pmatrix}5\\-3\end{pmatrix}=\left(\begin{pmatrix}1\\-1\end{pmatrix},\begin{pmatrix}1\\1\end{pmatrix}\right)\begin{pmatrix}a_{11}\\a_{21}\end{pmatrix}$，$f\left(\begin{pmatrix}1\\1\end{pmatrix}\right)=\begin{pmatrix}1\\5\end{pmatrix}=\left(\begin{pmatrix}1\\-1\end{pmatrix},\begin{pmatrix}1\\1\end{pmatrix}\right)\begin{pmatrix}a_{12}\\a_{22}\end{pmatrix}$より

表現行列　$A=\begin{pmatrix}4 & -2\\1 & 3\end{pmatrix}$

6.2　$f\left(\begin{pmatrix}1\\0\\1\end{pmatrix}\right)=\begin{pmatrix}4\\-7\end{pmatrix}=\left(\begin{pmatrix}1\\-1\end{pmatrix},\begin{pmatrix}1\\1\end{pmatrix}\right)\begin{pmatrix}a_{11}\\a_{21}\end{pmatrix}$，$f\left(\begin{pmatrix}0\\-1\\1\end{pmatrix}\right)=\begin{pmatrix}5\\-9\end{pmatrix}=\left(\begin{pmatrix}1\\-1\end{pmatrix},\begin{pmatrix}1\\1\end{pmatrix}\right)\begin{pmatrix}a_{12}\\a_{22}\end{pmatrix}$

$f\left(\begin{pmatrix}1\\1\\1\end{pmatrix}\right)=\begin{pmatrix}2\\-2\end{pmatrix}=\left(\begin{pmatrix}1\\-1\end{pmatrix},\begin{pmatrix}1\\1\end{pmatrix}\right)\begin{pmatrix}a_{13}\\a_{23}\end{pmatrix}$より

表現行列

$$A=\begin{pmatrix}\dfrac{11}{2} & 7 & 2\\[2mm] -\dfrac{3}{2} & -2 & 0\end{pmatrix}$$

6.3

（1）$x_1=-2x_2+3x_3$

ここで，$x_2=s$，$x_3=t$ とおくと

$$\begin{pmatrix}x_1\\x_2\\x_3\end{pmatrix}=\begin{pmatrix}-2s+3t\\s\\t\end{pmatrix}$$

よって，$\mathrm{Ker}\,f=\left\{\boldsymbol{x}\,\middle|\,\boldsymbol{x}=s\begin{pmatrix}-2\\1\\0\end{pmatrix}+t\begin{pmatrix}3\\0\\1\end{pmatrix},\ s,t\text{ は任意の実数}\right\}$

標準基における f の表現行列は

$A=\begin{pmatrix}1 & 2 & -3\\2 & 4 & -6\end{pmatrix}$であるから

$\mathrm{rank}A=1$

よって，$\mathrm{Im}\,f=\left[\begin{pmatrix}1\\2\end{pmatrix}\right]$

（2）$x_1=-\dfrac{8}{5}x_3$，$x_2=-\dfrac{11}{5}x_3$

ここで，$x_3=5t$ とおくと

$$\begin{pmatrix}x_1\\x_2\\x_3\end{pmatrix}=\begin{pmatrix}-8t\\-11t\\5t\end{pmatrix}$$

よって，$\mathrm{Ker}\,f=\left\{\boldsymbol{x}\,\middle|\,\boldsymbol{x}=t\begin{pmatrix}-8\\-11\\5\end{pmatrix},\ t\text{ は任意の実数}\right\}$

標準基における f の表現行列は

$A=\begin{pmatrix}-2 & 1 & -1\\1 & -3 & -5\end{pmatrix}$であるから

$\mathrm{rank}\,A=2$

よって，$\mathrm{Im}\,f=\left[\begin{pmatrix}-2\\1\end{pmatrix},\begin{pmatrix}1\\-3\end{pmatrix}\right]$

6.4　(1)

$$\mathrm{Ker}\, f_A=\left\{\begin{pmatrix}0\\0\\0\end{pmatrix}\right\}$$

$$\mathrm{Im}\, f_A=\left[\begin{pmatrix}1\\3\\-1\end{pmatrix},\begin{pmatrix}-1\\1\\2\end{pmatrix},\begin{pmatrix}2\\-4\\5\end{pmatrix}\right]$$

(2)

$$\mathrm{Ker}\, f_A=\left\{\boldsymbol{x}\,\middle|\,\boldsymbol{x}=t\begin{pmatrix}11\\3\\13\end{pmatrix},\ t\text{ は任意の実数}\right\}$$

$$\mathrm{Im}\, f_A=\left[\begin{pmatrix}-2\\1\\3\end{pmatrix},\begin{pmatrix}3\\5\\2\end{pmatrix}\right]$$

(3)

$$\mathrm{Ker}\, f_A=\left\{\boldsymbol{x}\,\middle|\,\boldsymbol{x}=s\begin{pmatrix}1\\-1\\2\\0\end{pmatrix}+t\begin{pmatrix}-11\\7\\0\\10\end{pmatrix},\ s,\ t\text{ は任意の実数}\right\}$$

$$\mathrm{Im}\, f_A=\left[\begin{pmatrix}3\\-2\\1\end{pmatrix},\begin{pmatrix}-1\\4\\3\end{pmatrix}\right]$$

6.5　(1)　$P=\begin{pmatrix}1 & 1\\-1 & 1\end{pmatrix}$　(2)　$P=\begin{pmatrix}1 & 0 & 1\\0 & -1 & 1\\1 & 1 & 1\end{pmatrix}$

6.6

$A=\begin{pmatrix}1 & -2 & 3\\-3 & 5 & -4\end{pmatrix}$, $P=\begin{pmatrix}1 & 0 & 1\\0 & -1 & 1\\1 & 1 & 1\end{pmatrix}$, $Q=\begin{pmatrix}1 & 1\\-1 & 1\end{pmatrix}$より

$$B=\begin{pmatrix}1 & 1\\-1 & 1\end{pmatrix}^{-1}\begin{pmatrix}1 & -2 & 3\\-3 & 5 & -4\end{pmatrix}\begin{pmatrix}1 & 0 & 1\\0 & -1 & 1\\1 & 1 & 1\end{pmatrix}=\begin{pmatrix}\dfrac{11}{2} & 7 & 2\\-\dfrac{3}{2} & -2 & 0\end{pmatrix}$$

演習問題解答

【1章】

1. $$\begin{pmatrix}200 & 100 & 150\\300 & 200 & 250\end{pmatrix}\begin{pmatrix}2 & 1 & 4\\3 & 2 & 0\\1 & 2 & 3\end{pmatrix}=\begin{pmatrix}850 & 700 & 1250\\1450 & 1200 & 1950\end{pmatrix}$$

であるから

	佐　藤	鈴　木	田　中
代金〔円〕	850	700	1250
重さ〔g〕	1450	1200	1950

2.　直線 $y=x+1$ の上の任意の点は $(t,\ t+1)$ と表される。

$$\begin{pmatrix}x'\\y'\end{pmatrix}=\begin{pmatrix}1 & 1\\1 & -2\end{pmatrix}\begin{pmatrix}t\\t+1\end{pmatrix}=\begin{pmatrix}2t+1\\-t-2\end{pmatrix}$$

であるが，t を消去すると $x'=-2y'-3$ なので，直線 $y=-\dfrac{1}{2}x-\dfrac{3}{2}$ に移される。

3.　（1）　直線 $y=x-1$ の上の任意の点は $(t,\ t-1)$ と表される。

$$\begin{pmatrix}x'\\y'\end{pmatrix}=\begin{pmatrix}1 & -1\\3 & -3\end{pmatrix}\begin{pmatrix}t\\t-1\end{pmatrix}=\begin{pmatrix}1\\3\end{pmatrix}$$

であるから，$y=x-1$ 上のすべての点は，点 $(1,3)$ に移される。

（2）　円 $x^2+y^2=1$ の上の任意の点は $(\cos\theta,\sin\theta)$ と表される。

$$\begin{pmatrix}x'\\y'\end{pmatrix}=\begin{pmatrix}1 & -1\\3 & -3\end{pmatrix}\begin{pmatrix}\cos\theta\\\sin\theta\end{pmatrix}=\begin{pmatrix}\cos\theta-\sin\theta\\3(\cos\theta-\sin\theta)\end{pmatrix}$$

であるから，θ を消去すると $y'=3x'$ である。ところが

$$\begin{aligned}\cos\theta-\sin\theta&=\sqrt{2}\left(\frac{1}{\sqrt{2}}\cos\theta-\frac{1}{\sqrt{2}}\sin\theta\right)\\&=\sqrt{2}\left(\cos\frac{\pi}{4}\cos\theta-\sin\frac{\pi}{4}\sin\theta\right)\\&=\sqrt{2}\cos\left(\theta+\frac{\pi}{4}\right)\end{aligned}$$

より，$-\sqrt{2}\leqq\cos\theta-\sin\theta\leqq\sqrt{2}$ であることがわかるので，直線 $y=3x$ の $-\sqrt{2}\leqq x\leqq\sqrt{2}$ の部分に移される。

【2章】

1. (1) (4, 8, −4) (2) (−1, 2, 9) (3) (23, 41, −30)

2. (1) $2\boldsymbol{i}+5\boldsymbol{k}$ (2) $7\boldsymbol{i}-3\boldsymbol{j}-11\boldsymbol{k}$ (3) $7\boldsymbol{i}-4\boldsymbol{j}+23\boldsymbol{k}$

3. $|\boldsymbol{u}|=\sqrt{14}$, $|\boldsymbol{v}|=\sqrt{14}$, $\boldsymbol{u}\cdot\boldsymbol{v}=7$ より

$\cos\theta=\dfrac{\boldsymbol{u}\cdot\boldsymbol{v}}{|\boldsymbol{u}||\boldsymbol{v}|}=\dfrac{7}{\sqrt{14}\sqrt{14}}=\dfrac{1}{2}$ なので $\theta=\dfrac{\pi}{3}$

4. -1

5. (1) $-2\boldsymbol{i}+3\boldsymbol{j}+7\boldsymbol{k}$ (2) $-3\boldsymbol{i}+3\boldsymbol{j}+6\boldsymbol{k}$ (3) $-5\boldsymbol{i}+6\boldsymbol{j}+13\boldsymbol{k}$

(4) $12\boldsymbol{i}-18\boldsymbol{j}+15\boldsymbol{k}$ (5) -3

6. $\boldsymbol{u}$, $\boldsymbol{v}$ の両方に垂直なベクトルの一つとして外積 $\boldsymbol{u}\times\boldsymbol{v}=-4\boldsymbol{i}+3\boldsymbol{j}-\boldsymbol{k}$ がとれる。また, $|\boldsymbol{u}\times\boldsymbol{v}|=\sqrt{26}$ であるから求める単位ベクトルは $\pm\dfrac{1}{\sqrt{26}}(-4\boldsymbol{i}+3\boldsymbol{j}-\boldsymbol{k})$

【3章】

1.

$$A+{}^tA=\begin{pmatrix}8&7&7\\7&16&10\\7&10&18\end{pmatrix},\quad A-{}^tA=\begin{pmatrix}0&5&-3\\-5&0&4\\3&-4&0\end{pmatrix}$$

2. 省略

3. (1) $\begin{pmatrix}1&2\\0&6\\2&3\end{pmatrix}$ (2) $\begin{pmatrix}3&-3&-4\\6&-8&8\end{pmatrix}$ (3) $\begin{pmatrix}3&2&1\\7&0&2\end{pmatrix}$ (4) $\begin{pmatrix}1&-3\\3&-1\end{pmatrix}$

(5) $\begin{pmatrix}-22\\-8\\-15\end{pmatrix}$ (6) $(40\quad 8)$ (7) $\begin{pmatrix}-14&28\\-7&14\end{pmatrix}$ (8) $\begin{pmatrix}0&0\\0&0\end{pmatrix}$

(9) $\begin{pmatrix}3&2&1\\6&4&2\\9&6&3\end{pmatrix}$ (10) $\begin{pmatrix}14&22&8\\6&13&7\\8&19&11\end{pmatrix}$

4. (1) $\begin{pmatrix}4&1&-5\\1&1&-3\\-1&0&1\end{pmatrix}$ (2) $\begin{pmatrix}-2&-1&2\\21&11&-19\\11&6&-10\end{pmatrix}$

(3) $\begin{pmatrix}1&-2&1&0\\1&-2&2&-3\\0&1&-1&1\\-2&3&-2&3\end{pmatrix}$

5. （1） $\begin{cases} x_1=1 \\ x_2=-1 \\ x_3=2 \end{cases}$ （2） $\begin{cases} x_1=1+2\alpha-\beta \\ x_2=\alpha \\ x_3=-2+2\beta \\ x_4=\beta \end{cases}$ （3） $\begin{cases} x_1=-3 \\ x_2=1 \\ x_3=2 \end{cases}$ （4） 解なし（不能）

6. （1） 3　（2） 2　（3） 3　（4） 2　（5） 3

【4章】

1. （1） 121　（2） −115　（3） 35　（4） 50　（5） −47　（6） 33

2. （1）

$$与式=\begin{vmatrix} a & -(a-b) & 0 \\ b & a-b & 0 \\ b & a-b & a-b \end{vmatrix}=(a-b)^2\begin{vmatrix} a & -1 & 0 \\ b & 1 & 0 \\ b & 1 & 1 \end{vmatrix}=(a-b)^2\begin{vmatrix} a & -1 \\ b & 1 \end{vmatrix}$$

$$=(a+b)(a-b)^2$$

（2） $(a-b)(b-c)(c-a)$

（3） $2(a+b+c)(a-b)(b-c)(c-a)$

3. （1） $\begin{vmatrix} 3-x & 5 \\ 4 & 2-x \end{vmatrix}=\begin{vmatrix} 7-x & 7-x \\ 4 & 2-x \end{vmatrix}=(7-x)\begin{vmatrix} 1 & 1 \\ 4 & 2-x \end{vmatrix}=(7-x)(-2-x)=0$

より $x=7,\ -2$

（2） $x=-1$ (2重解), 2　（3） $x=0, 1, 2$

4. （1） $\dfrac{1}{7}\begin{pmatrix} 1 & 1 & -1 \\ -6 & 1 & -1 \\ 16 & 2 & 5 \end{pmatrix}$　（2） $\dfrac{1}{3}\begin{pmatrix} 11 & -9 & 1 \\ -7 & 9 & -2 \\ 2 & -3 & 1 \end{pmatrix}$

（3） $\dfrac{1}{20}\begin{pmatrix} 17 & -13 & -9 \\ 11 & 1 & -7 \\ -5 & 5 & 5 \end{pmatrix}$

5. （1）

$$|A|=\begin{vmatrix} -1 & 2 & 1 \\ 3 & -1 & 2 \\ 2 & 1 & -3 \end{vmatrix}=30,\quad |A_1|=\begin{vmatrix} 7 & 2 & 1 \\ -1 & -1 & 2 \\ -12 & 1 & -3 \end{vmatrix}=-60,$$

$$|A_2|=\begin{vmatrix} -1 & 7 & 1 \\ 3 & -1 & 2 \\ 2 & -12 & -3 \end{vmatrix}=30,\quad |A_3|=\begin{vmatrix} -1 & 2 & 7 \\ 3 & -1 & -1 \\ 2 & 1 & -12 \end{vmatrix}=90$$

であるが

$$x_1=\frac{|A_1|}{|A|}=\frac{-60}{30}=-2,\quad x_2=\frac{|A_2|}{|A|}=\frac{30}{30}=1,\quad x_3=\frac{|A_3|}{|A|}=\frac{90}{30}=3$$

（2） $x_1=\dfrac{1}{s-1},\quad x_2=\dfrac{1}{s-1}$

【5章】

1. $\begin{pmatrix} 3 \\ 1 \\ -6 \end{pmatrix} = x\begin{pmatrix} 1 \\ 2 \\ 5 \end{pmatrix} + y\begin{pmatrix} 2 \\ 3 \\ 3 \end{pmatrix} + z\begin{pmatrix} 2 \\ 2 \\ 3 \end{pmatrix}$ とおいて，連立方程式

$$\begin{cases} x+2y+2z=3 \\ 2x+3y+2z=1 \\ 5x+3y+3z=-6 \end{cases}$$

を解くと，$x=-3$，$y=1$，$z=2$ が得られるので

$$\begin{pmatrix} 3 \\ 1 \\ -6 \end{pmatrix} = -3\begin{pmatrix} 1 \\ 2 \\ 5 \end{pmatrix} + \begin{pmatrix} 2 \\ 3 \\ 3 \end{pmatrix} + 2\begin{pmatrix} 2 \\ 2 \\ 3 \end{pmatrix}$$

2. (1) $\begin{vmatrix} a & a & a-3 \\ 1 & -2 & 1 \\ -2 & 1 & 1 \end{vmatrix} = -9(a-1)=0$ より $a=1$

(2) $\begin{vmatrix} 1 & -1 & b-3 \\ 0 & b+1 & 3 \\ b-4 & 5 & 3 \end{vmatrix} = -(b+1)(b-3)(b-4)$ より $b=-1, 3, 4$

3. 行列 A の固有多項式は

$$\begin{vmatrix} 2-\lambda & -6 & 6 \\ 3 & -7-\lambda & 6 \\ 3 & -6 & 5-\lambda \end{vmatrix} = -(\lambda+1)^2(\lambda-2)=0$$

なので，固有値は $\lambda=-1$（2 重解），2 である。

$\lambda=-1$ のとき，連立方程式

$$\begin{cases} 3x_1-6x_2+6x_3=0 \\ 3x_1-6x_2+6x_3=0 \\ 3x_1-6x_2+6x_3=0 \end{cases}$$

を解いて，$x_1=2\alpha-2\beta$，$x_2=\alpha$，$x_3=\beta$（α，β は任意定数）が得られるので，対応する固有ベクトルは

$$\boldsymbol{v} = \begin{pmatrix} 2\alpha-2\beta \\ \alpha \\ \beta \end{pmatrix} = \alpha\begin{pmatrix} 2 \\ 1 \\ 0 \end{pmatrix} + \beta\begin{pmatrix} -2 \\ 0 \\ 1 \end{pmatrix}$$

また，$\lambda=2$ のとき，連立方程式

$$\begin{cases} \quad\;\; -6x_2+6x_3=0 \\ 3x_1-9x_2+6x_3=0 \\ 3x_1-6x_2+3x_3=0 \end{cases}$$

を解いて，$x_1=\gamma$，$x_2=\gamma$，$x_3=\gamma$（γ は任意定数）が得られるので，対応する固有ベクトルは

$$\boldsymbol{v}=\begin{pmatrix}\gamma\\\gamma\\\gamma\end{pmatrix}=\gamma\begin{pmatrix}1\\1\\1\end{pmatrix}$$

4．（1） 与えられた式の両辺に $\lambda=0$ を代入すると $|A|=\lambda_1\lambda_2\lambda_3$ が得られる。

（2） A が正則行列 $\Longleftrightarrow |A|\neq 0 \Longleftrightarrow \lambda_1\lambda_2\lambda_3\neq 0 \Longleftrightarrow \lambda_1\neq 0,\ \lambda_2\neq 0,\ \lambda_3\neq 0$

5．行列 A の固有値 λ に対応する固有ベクトルを $\boldsymbol{v}$ とすると

$$A\boldsymbol{v}=\lambda\boldsymbol{v} \quad \text{-------①}$$

が成り立つ。

（1） ① の両辺に左から A を掛けると

$$A^2\boldsymbol{v}=A\lambda\boldsymbol{v}$$
$$A^2\boldsymbol{v}=\lambda^2\boldsymbol{v}$$

が得られるので，λ^2 は A^2 の固有値である。

（2） A が正則であるならば $\lambda\neq 0$ である。

① の両辺に左から A^{-1} を掛ける。

$$\boldsymbol{v}=A^{-1}\lambda\boldsymbol{v}$$

両辺を $\lambda\neq 0$ で割ると

$$A^{-1}\boldsymbol{v}=\frac{1}{\lambda}\boldsymbol{v}$$

が得られるので，$\dfrac{1}{\lambda}$ は A^{-1} の固有値である。

6．まず，行列 A の対角化を行う。

A の固有値は $\lambda=2,\ 5$ であり，$\lambda=2$ に対応する固有ベクトルとして $\begin{pmatrix}1\\-1\end{pmatrix}$，$\lambda=5$ に対応する固有ベクトルとして，$\begin{pmatrix}2\\1\end{pmatrix}$ がとれるので，$P=\begin{pmatrix}1&2\\-1&1\end{pmatrix}$ とおくと

$$P^{-1}AP=\begin{pmatrix}2&0\\0&5\end{pmatrix}$$

が成り立つ。両辺を n 乗すると

$$P^{-1}A^nP=\begin{pmatrix}2^n&0\\0&5^n\end{pmatrix}$$

よって

$$A^n=P\begin{pmatrix}2^n&0\\0&5^n\end{pmatrix}P^{-1}=\begin{pmatrix}1&2\\-1&1\end{pmatrix}\begin{pmatrix}2^n&0\\0&5^n\end{pmatrix}\frac{1}{3}\begin{pmatrix}1&-2\\1&1\end{pmatrix}$$

$$=\frac{1}{3}\begin{pmatrix} 2^n+2\cdot5^n & -2^{n+1}+2\cdot5^n \\ -2^n+5^n & 2^{n+1}+5^n \end{pmatrix}$$

【6章】

1. （1） 例えば

$$f(\begin{pmatrix} 2 \\ 2 \end{pmatrix})=\begin{pmatrix} 2 \\ 3 \end{pmatrix}, \quad 2f(\begin{pmatrix} 1 \\ 1 \end{pmatrix})=2\begin{pmatrix} 1 \\ 2 \end{pmatrix}=\begin{pmatrix} 2 \\ 4 \end{pmatrix}$$

より，$f(\begin{pmatrix} 2 \\ 2 \end{pmatrix})\neq 2f(\begin{pmatrix} 1 \\ 1 \end{pmatrix})$

なので線形写像ではない。

（2） 例えば

$$f(\begin{pmatrix} 3 \\ -3 \end{pmatrix})=\begin{pmatrix} -9 \\ -3 \end{pmatrix}, \quad 3f(\begin{pmatrix} 1 \\ -1 \end{pmatrix})=3\begin{pmatrix} -1 \\ -1 \end{pmatrix}=\begin{pmatrix} -3 \\ -3 \end{pmatrix}$$

より，$f(\begin{pmatrix} 3 \\ -3 \end{pmatrix})\neq 3f(\begin{pmatrix} 1 \\ -1 \end{pmatrix})$

なので線形写像ではない。

（3） 和について

$$f(\begin{pmatrix} x_1 \\ x_2 \end{pmatrix}+\begin{pmatrix} y_1 \\ y_2 \end{pmatrix})=f(\begin{pmatrix} x_1+y_1 \\ x_2+y_2 \end{pmatrix})=\begin{pmatrix} 3(x_1+y_1)-(x_2+y_2) \\ x_2+y_2 \end{pmatrix}$$

$$=\begin{pmatrix} 3x_1-x_2 \\ x_2 \end{pmatrix}+\begin{pmatrix} 3y_1-y_2 \\ y_2 \end{pmatrix}=f(\begin{pmatrix} x_1 \\ x_2 \end{pmatrix})+f(\begin{pmatrix} y_1 \\ y_2 \end{pmatrix})$$

であり，スカラー倍について

$$f(c\begin{pmatrix} x_1 \\ x_2 \end{pmatrix})=f(\begin{pmatrix} cx_1 \\ cx_2 \end{pmatrix})=\begin{pmatrix} 3cx_1-cx_2 \\ cx_2 \end{pmatrix}=c\begin{pmatrix} 3x_1-x_2 \\ x_2 \end{pmatrix}=cf(\begin{pmatrix} x_1 \\ x_2 \end{pmatrix})$$

なので，線形写像である。

（4） 例えば

$$f(\begin{pmatrix} 2 \\ 2 \end{pmatrix})=\begin{pmatrix} 4 \\ 2 \end{pmatrix}, \quad 2f(\begin{pmatrix} 1 \\ 1 \end{pmatrix})=2\begin{pmatrix} 1 \\ 1 \end{pmatrix}=\begin{pmatrix} 2 \\ 2 \end{pmatrix}$$

より，$f(\begin{pmatrix} 2 \\ 2 \end{pmatrix})\neq 2f(\begin{pmatrix} 1 \\ 1 \end{pmatrix})$ なので線形写像ではない。

（5） 和について

$$f\left(\begin{pmatrix} x_1 \\ x_2 \\ x_3 \end{pmatrix}+\begin{pmatrix} y_1 \\ y_2 \\ y_3 \end{pmatrix}\right)=f\left(\begin{pmatrix} x_1+y_1 \\ x_2+y_2 \\ x_3+y_3 \end{pmatrix}\right)=\begin{pmatrix} 2(x_1+y_1)+(x_2+y_2) \\ (x_2+y_2)-3(x_3+y_3) \end{pmatrix}$$

$$=\begin{pmatrix} 2x_1+x_2 \\ x_2-3x_3 \end{pmatrix}+\begin{pmatrix} 2y_1+y_2 \\ y_2-3y_3 \end{pmatrix}=f\left(\begin{pmatrix} x_1 \\ x_2 \\ x_3 \end{pmatrix}\right)+f\left(\begin{pmatrix} y_1 \\ y_2 \\ y_3 \end{pmatrix}\right)$$

であり，スカラー倍について

$$f\left(c\begin{pmatrix} x_1 \\ x_2 \\ x_3 \end{pmatrix}\right)=f\left(\begin{pmatrix} cx_1 \\ cx_2 \\ cx_3 \end{pmatrix}\right)=\begin{pmatrix} 2cx_1+cx_2 \\ cx_2-3cx_3 \end{pmatrix}=c\begin{pmatrix} 2x_1+x_2 \\ x_2-3x_3 \end{pmatrix}=cf\left(\begin{pmatrix} x_1 \\ x_2 \\ x_3 \end{pmatrix}\right)$$

なので，線形写像である。

2.

$$f\left(\begin{pmatrix} 3 \\ -1 \\ 0 \end{pmatrix}\right)=\begin{pmatrix} 5 \\ 6 \end{pmatrix},\quad f\left(\begin{pmatrix} -3 \\ 1 \\ 1 \end{pmatrix}\right)=\begin{pmatrix} -2 \\ -7 \end{pmatrix},\quad f\left(\begin{pmatrix} 1 \\ 0 \\ -2 \end{pmatrix}\right)=\begin{pmatrix} -5 \\ 4 \end{pmatrix}$$

なので

$$\begin{pmatrix} 5 & -2 & -5 \\ 6 & -7 & 4 \end{pmatrix}=\begin{pmatrix} 2 & 5 \\ 1 & 3 \end{pmatrix}A$$

だから

$$A=\begin{pmatrix} 2 & 5 \\ 1 & 3 \end{pmatrix}^{-1}\begin{pmatrix} 5 & -2 & -5 \\ 6 & -7 & 4 \end{pmatrix}=\begin{pmatrix} -15 & 29 & -35 \\ 7 & -12 & 13 \end{pmatrix}$$

3.

$$f\left(\begin{pmatrix} x_1 \\ x_2 \\ x_3 \end{pmatrix}\right)=\begin{pmatrix} 2 & 1 & 1 \\ 0 & -1 & 1 \\ -1 & -1 & 0 \end{pmatrix}\begin{pmatrix} x_1 \\ x_2 \\ x_3 \end{pmatrix}$$ である。

$A=\begin{pmatrix} 2 & 1 & 1 \\ 0 & -1 & 1 \\ -1 & -1 & 0 \end{pmatrix}$ は行基本変形により，$\begin{pmatrix} 1 & 0 & 1 \\ 0 & 1 & -1 \\ 0 & 0 & 0 \end{pmatrix}$ と変形できる。

よって

$$\mathrm{Ker}\, f=\left\{\begin{pmatrix} -\alpha \\ \alpha \\ \alpha \end{pmatrix} \middle|\ \alpha \text{ は任意定数}\right\}=\left[\begin{pmatrix} -1 \\ 1 \\ 1 \end{pmatrix}\right]$$

また

$$\dim(\mathrm{Im}\, f)=\mathrm{rank}\, A=2$$

であり，$\left\{\begin{pmatrix} 2 \\ 0 \\ -1 \end{pmatrix}, \begin{pmatrix} 1 \\ -1 \\ -1 \end{pmatrix}\right\}$ は一次独立なので $\mathrm{Im}\, f=\left[\begin{pmatrix} 2 \\ 0 \\ -1 \end{pmatrix}, \begin{pmatrix} 1 \\ -1 \\ -1 \end{pmatrix}\right]$

索　　引

【A】

【B】

【C】

【D】

【E】

【F】

【G】

【H】

【I】

【J】

【K】

【L】

【M】

【N】

【O】

【P】

—— 著者略歴 ——

柴田　正憲（しばた　まさのり）
1971 年　宮城教育大学教育学部特設数学科卒業
1980 年　中央ワシントン大学大学院を経て
ワシントン州立大学大学院修士課程
数学専攻卒業
1983 年　オハイオ州立トレド大学大学院博士
課程数学専攻修了
1984 年　東海大学短期大学部講師
1989 年　東海大学短期大学部助教授
1994 年　東海大学短期大学部教授
東海大学教授（工学部）兼任
2001 年　東海大学教授（電子情報学部）兼任
2005 年　東海大学短期大学部学長補佐
情報・ネットワーク学科主任
情報通信技術研究所所長
2008 年　東海大学教授（理学部）
東海大学高輪教養教育センター兼務
2012 年　東海大学短期大学部学長
2016 年　東海大学短期大学部名誉教授

貴田　研司（きだ　けんし）
1987 年　東京理科大学理学部数学科卒業
1989 年　東京理科大学大学院理学研究科修士
課程数学専攻卒業
1995 年　東京理科大学大学院理学研究科博士
後期課程数学専攻修了
2006 年　東海大学短期大学部特任講師
2007 年　東海大学短期大学部専任講師
2008 年　東海大学理学部専任講師
2015 年　東海大学理学部准教授
2020 年　東海大学理学部教授
現在に至る

情報科学のための線形代数
Linear Algebra for Computer Science

2009 年 10 月 30 日　初版第 1 刷発行
2020 年 4 月 5 日　初版第 7 刷発行

検印省略

著　者　柴　田　正　憲
貴　田　研　司
発 行 者　株式会社　コ ロ ナ 社
代 表 者　牛 来 真 也
印 刷 所　新 日 本 印 刷 株 式 会 社
製 本 所　有限会社　愛千製本所

112-0011　東京都文京区千石 4-46-10
発 行 所　株式会社　**コ ロ ナ 社**
CORONA PUBLISHING CO., LTD.
Tokyo Japan
振替 00140-8-14844・電話(03)3941-3131(代)
ホームページ　https://www.coronasha.co.jp

ISBN 978-4-339-06099-7　C3041　Printed in Japan　（高橋）

配本順				頁	本体
C-6	(第17回)	インターネット工学	後藤滋樹・外山勝保共著	162	2800円
C-7	(第3回)	画像・メディア工学	吹抜敬彦著	182	2900円
C-8	(第32回)	音声・言語処理	広瀬啓吉著	140	2400円
C-9	(第11回)	コンピュータアーキテクチャ	坂井修一著	158	2700円
C-13	(第31回)	集積回路設計	浅田邦博著	208	3600円
C-14	(第27回)	電子デバイス	和保孝夫著	198	3200円
C-15	(第8回)	光・電磁波工学	鹿子嶋憲一著	200	3300円
C-16	(第28回)	電子物性工学	奥村次徳著	160	2800円

展開

配本順				頁	本体
D-3	(第22回)	非線形理論	香田徹著	208	3600円
D-5	(第23回)	モバイルコミュニケーション	中川正雄・大槻知明共著	176	3000円
D-8	(第12回)	現代暗号の基礎数理	黒澤馨・尾形わかは共著	198	3100円
D-11	(第18回)	結像光学の基礎	本田捷夫著	174	3000円
D-14	(第5回)	並列分散処理	谷口秀夫著	148	2300円
D-15		電波システム工学	唐沢好男・藤井威生共著		
D-16		電磁環境工学	徳田正満著		
D-17	(第16回)	VLSI工学 —基礎・設計編—	岩田穆著	182	3100円
D-18	(第10回)	超高速エレクトロニクス	中村徹・三島友義共著	158	2600円
D-23	(第24回)	バイオ情報学 —パーソナルゲノム解析から生体シミュレーションまで—	小長谷明彦著	172	3000円
D-24	(第7回)	脳工学	武田常広著	240	3800円
D-25	(第34回)	福祉工学の基礎	伊福部達著	236	4100円
D-27	(第15回)	VLSI工学 —製造プロセス編—	角南英夫著	204	3300円